機械設計者の基礎技術力向上

図解力を鍛えるロジカルシンキング

空間認識力モチアゲ 2 演習編

山田 学 著
Yamada Manabu

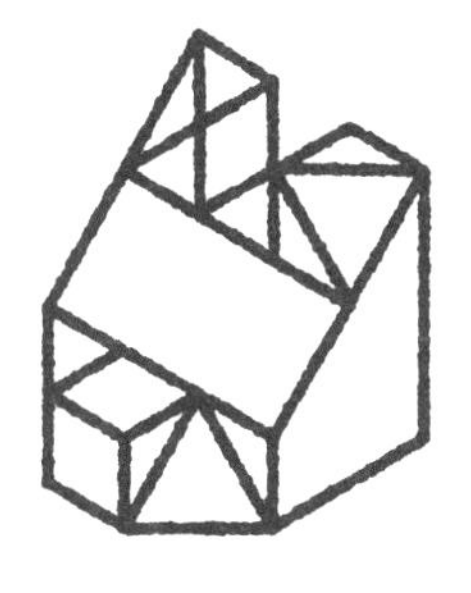

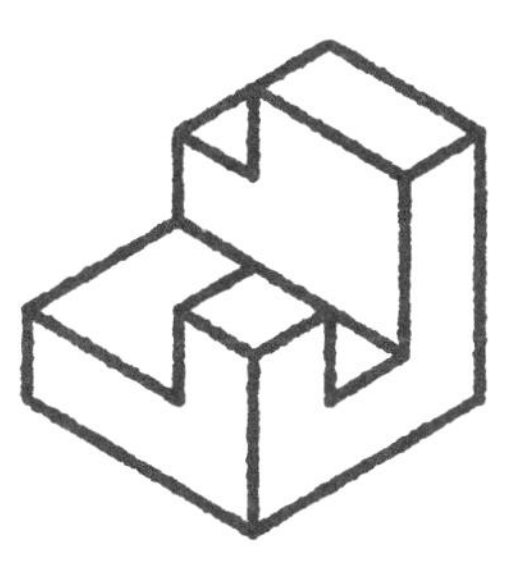

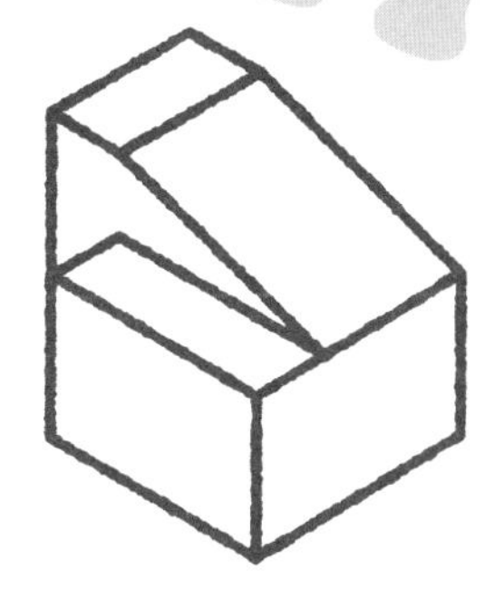

日刊工業新聞社

幾何学からロジカルシンキングを学ぶ

一般教養を身につけるための実践的な知識や学問のことを「リベラルアーツ」と言います。中世の西欧における必須の教養として、7つの知識（初級3科と上級4科）が必要と言われています。

「3科（trivium）」

―文法学…言語文法に関する学問

―修辞学…弁論・叙述など演説の技術に関する学問

―論理学…思考の構成や体系に関する学問

「4科（quadrivium）」

―算術…数の演算や計算方法に関する学問

―幾何学…図形や空間に関する学問

―天文学…天体や天文現象に関する学問

―音楽…リズム（律動）、メロディー（旋律）、ハーモニー（和声）を持つもの

近年、企業の人事担当者から製図を教える前のステップとして、形状認識力や空間認識力を鍛えて欲しいというニーズが多くなりました。

機械系の学校や学部を出ているからと言って、形状認識力や形状認識力が優れているわけではありません。つまり、リベラルアーツで養われるべき幾何学を苦手とする学生が多くなってきている証拠とも言えます。

3次元CADで設計することが一般的に行われる時代に入り、VR（バーチャルリアリティ：仮想現実）やAR（オーグメンテッドリアリティ：拡張現実）を活用してデザインレビュー（設計審査）が行われる時代になって、"なにを今さら、形状認識力や空間認識力なんて…と思われるかもしれません。しかし3次元CADのモデルを作成するのはエンジニア自身なのです。

機能を満足し、無駄のない形状をモデリングするには、どんな時代になっても形状認識力と空間認識力が求められます。

まずは、2次元と3次元の違いから確認してみましょう。

東京スカイツリーをGoogle Mapの地図表示（2次元）と航空写真表示（3次元）にすると、その違いがわかると思います。

地図表示(2次元)

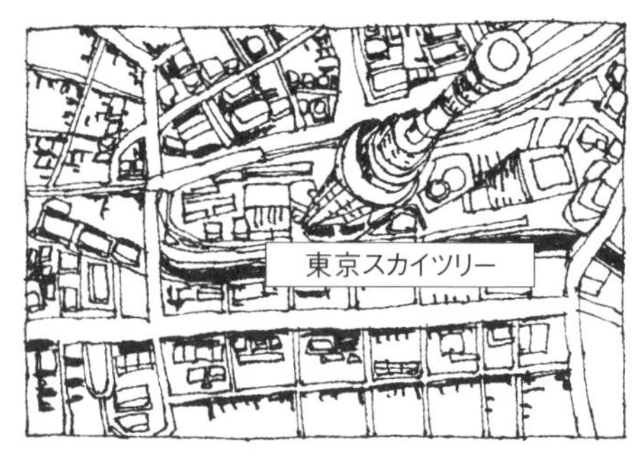

地図表示(3次元)

地図表示…細かいレイアウト（道順や位置関係）を把握しやすい
航空写真表示…全体像（街並みや建物の高低差）を把握しやすい

同様に、2次元CAD図と3次元モデルを比較してみましょう。

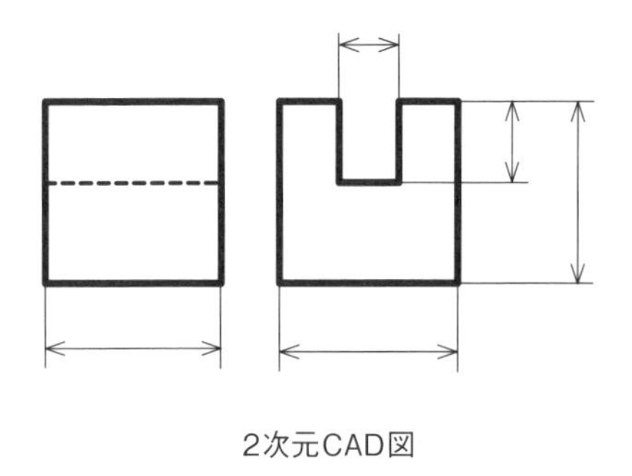

2次元CAD図

3次元モデル

２次元ＣＡＤ図…複数の投影図から詳細な形状を理解することができる
　　　　　　　　複数の投影図から立体をイメージしなければいけない
３次元モデル……直感的に全体形状を把握できる
　　　　　　　　隠れている形状や詳細な形状は把握しにくいが、モデルを回転させたり拡大縮小させたりすることで補うことができる感覚的には、3次元モデルの方が優れているように思う人が多いでしょう。
しかし、3次元モデルにも弱点があります。
それは、サイズ感です。
3次元モデルを表示させるディスプレイは限られた大きさの2次元平面であり、サイズがわかる比較対象物がない限り、モデルサイズを把握することは大変難しいと言えます。

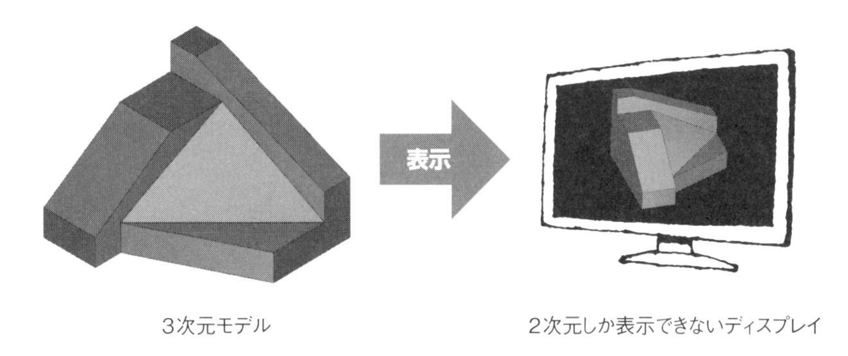

3次元モデル　　2次元しか表示できないディスプレイ

3次元モデルを利用して、このサイズ感を克服させるには、VR（バーチャルリアリティ）としてモデルを現物と同じサイズで表示させるしか手段はありません。

仮想現実の世界で原寸サイズの3次元モデル内に潜り込む

最終的にVRなどを活用することで3次元モデルを現物サイズで確認することができ、形状のみならず周辺の空間までもほぼ理解できるようになります。

3次元CADを使えば大幅に開発のプロセスが短縮すると勘違いしている企業の上層部の人たちが多いのですが、短縮するのは製造工程であり、設計工数には大きな変化はありません。なぜなら、次のようにポンチ絵を描いて設計者の頭の中で構造を徐々にイメージして作り上げていく過程では、CADは支援してくれないからです。

そう、3次元モデルを作り上げるまでに、エンジニアの幾何学に関するスキルが要求されるのです。

ポンチ絵の基本はフリーハンドで描くことです。フリーハンドの場合、個人によって上手下手の差が激しく、下手な人ほどポンチ絵を描くことを敬遠しがちになりますが、決して上手に描く必要はありません。線の傾きやうねりなどを気にせず、形が理解できれば十分であると理解しましょう。

このポンチ絵を描くスキルに求められるのが、**形状認識力**と**空間認識力**です。

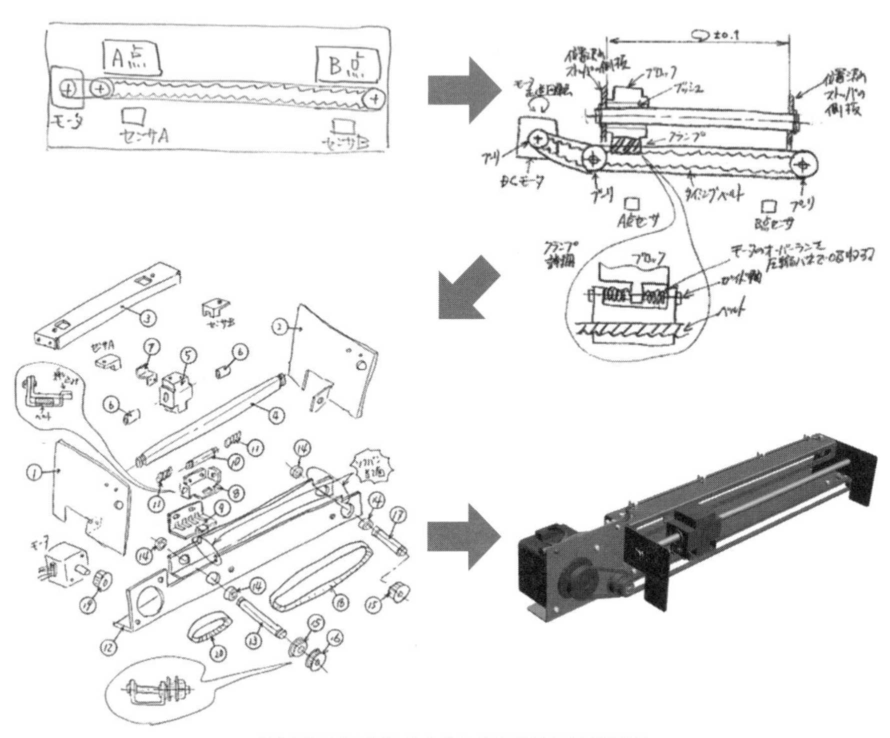

3次元モデルを作成するまでの設計の思考過程

「設計センスは、形状認識力と空間認識力で決まるといっても過言ではありません！」

対称図形を考えて記入したり、立体図を平面図に展開あるいは平面図を立体図に作り上げたりして、指定された空間に収まるように配置するには理屈が必要です。これらの演習を繰り返すことで、形状認識力と空間認識力を鍛えることができるため、幾何学を通してロジカルシンキングが身につくと考えます。

形状認識力と空間認識力を備え、ポンチ絵を描くスキルを得れば、立派なエンジニアになれることでしょう。

読者の皆様からのご意見や問題点のフィードバックなど、ホームページを通して紹介し、情報の共有化やサポートができ、少しでも良いものにしたいと念じております。

「Lab notes by六自由度」
書籍サポートページ
http://www.labnotes.jp/

最後に、本書の執筆にあたり、お世話いただいた日刊工業新聞社出版局の方々にお礼を申し上げます。

2018年11月

山田学

目次　CONTENTS

第1章

対称図形シンキング
～ステッチパターンを線対称・点対称に描き写す～

ステッチパターンのスケッチ演習解答方法の解説

ステッチパターンとは、さまざまの色や形、大きさの形状をつなぎ合わせた幾何学模様の図柄のことです。一般的には、様々な色や形状の当て布を接ぎ合わせる手芸に用いられる図柄を指します。

Make line-symmetric or point-symmetric figures in the blank column.
空欄の枠に線対称あるいは点対称の図形を記入します。

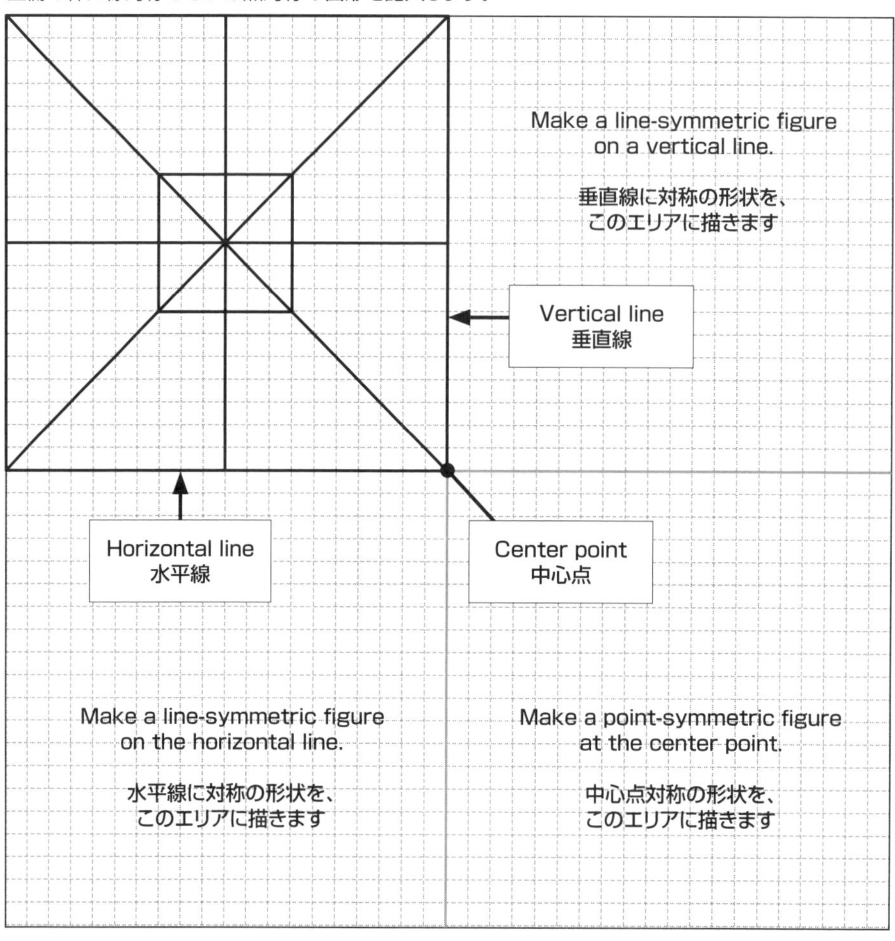

ステッチパターンのスケッチ演習解答記入例

Make line-symmetric or point-symmetric figures in the blank column.

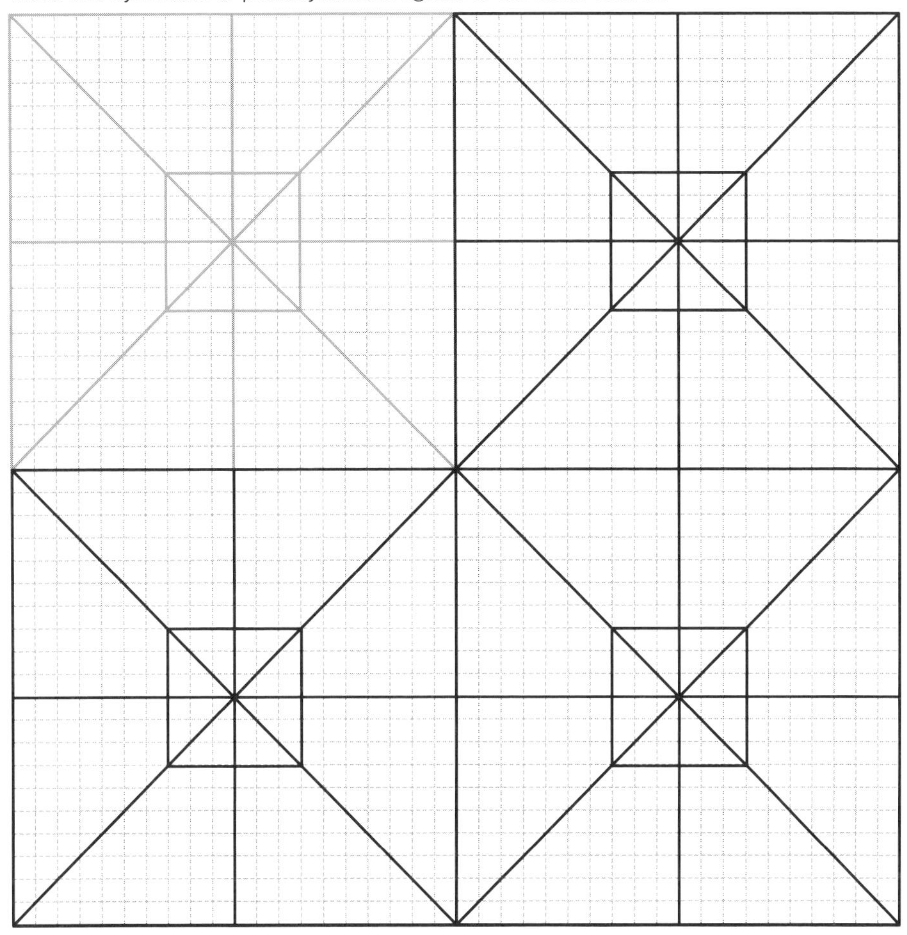

■D(￣ー￣*)コーヒーブレイク

ビジョントレーニング

　ビジョントレーニングとは、目で捉えたものを脳で処理する能力を高めるトレーニングをいいます。例えば、描き写す速度が遅かったり、同じ行の文章を何度も読んでしまったりする欠点を補うのに適しています。

　図形でビジョントレーニングをする場合、2 次元の迷路を使うことができます。

　一般的に2 次元迷路を解く場合、通路をペンでなぞりながら進めることでゴールにたどり着くことができます。

　このとき、ペンでなぞらずに目視でその道順を追うことが“ビジョントレーニング”になります。

　設計実務でも、2 次元CAD 図の組立図やカタログの断面図など、いちいち色塗りをするわけにはいきません。目で交差する線を追い、その形状を瞬時に把握する能力が求められるのです。

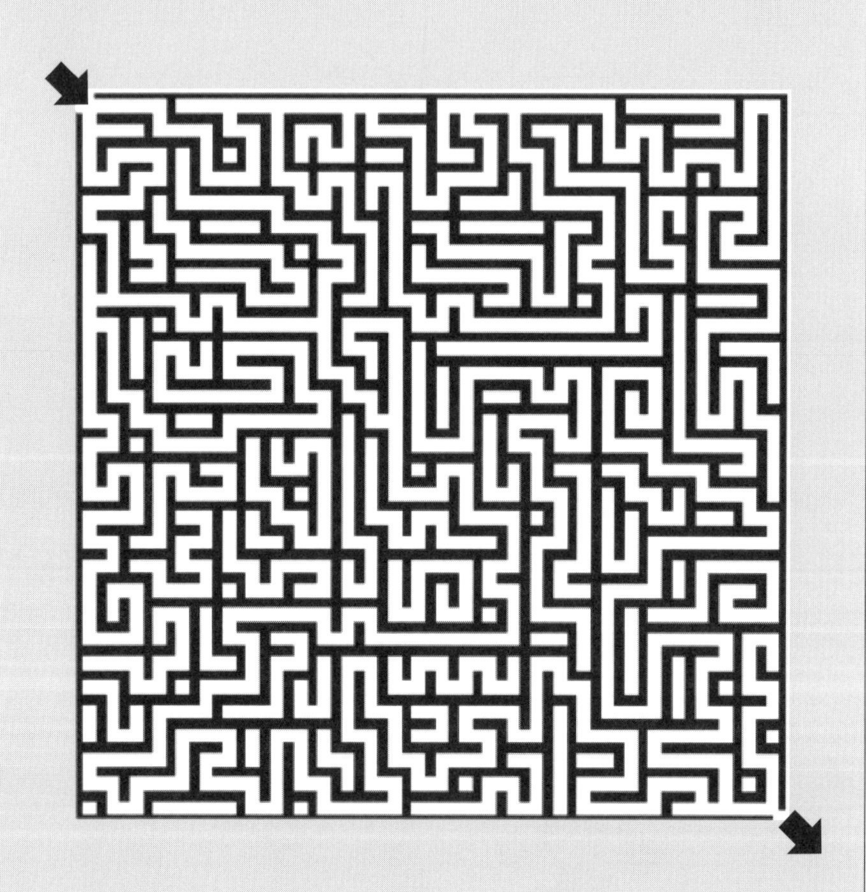

【ステッチパターンのスケッチ演習】 LEVEL 0-01

空欄の枠に線対称あるいは点対称の図形を記入しなさい。

Make line-symmetric or point-symmetric figures in the blank column.

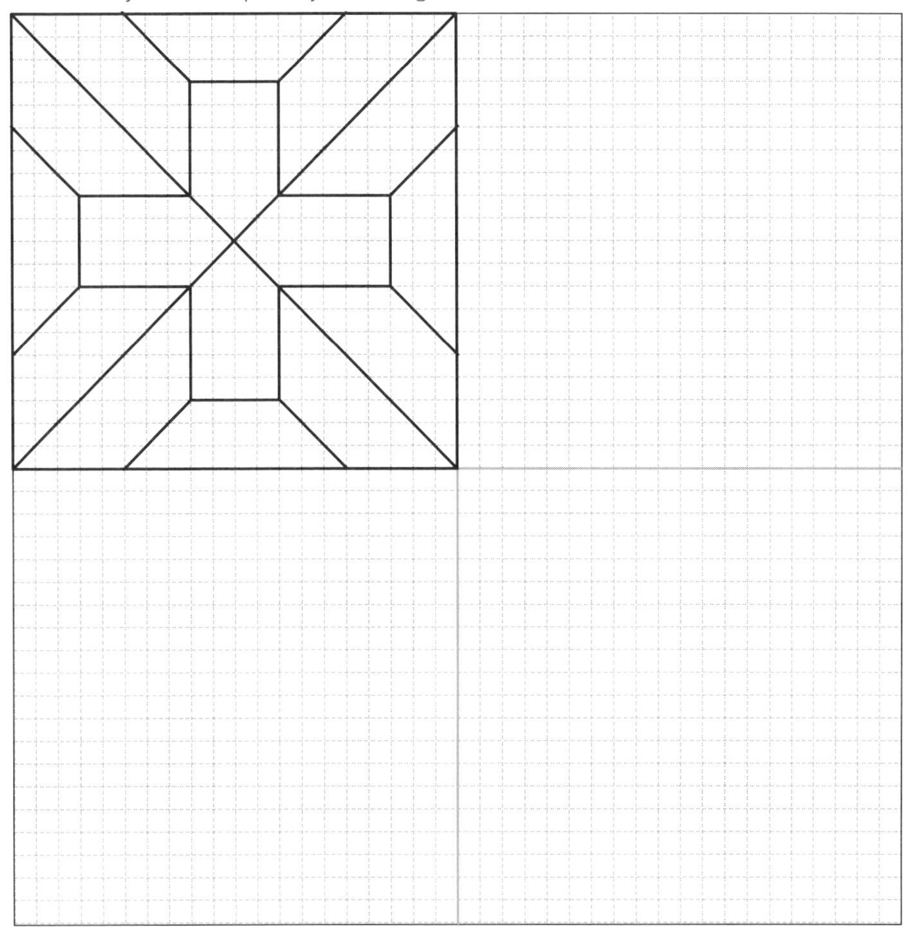

【ステッチパターンのスケッチ演習】 LEVEL 0-02

空欄の枠に線対称あるいは点対称の図形を記入しなさい。

Make line-symmetric or point-symmetric figures in the blank column.

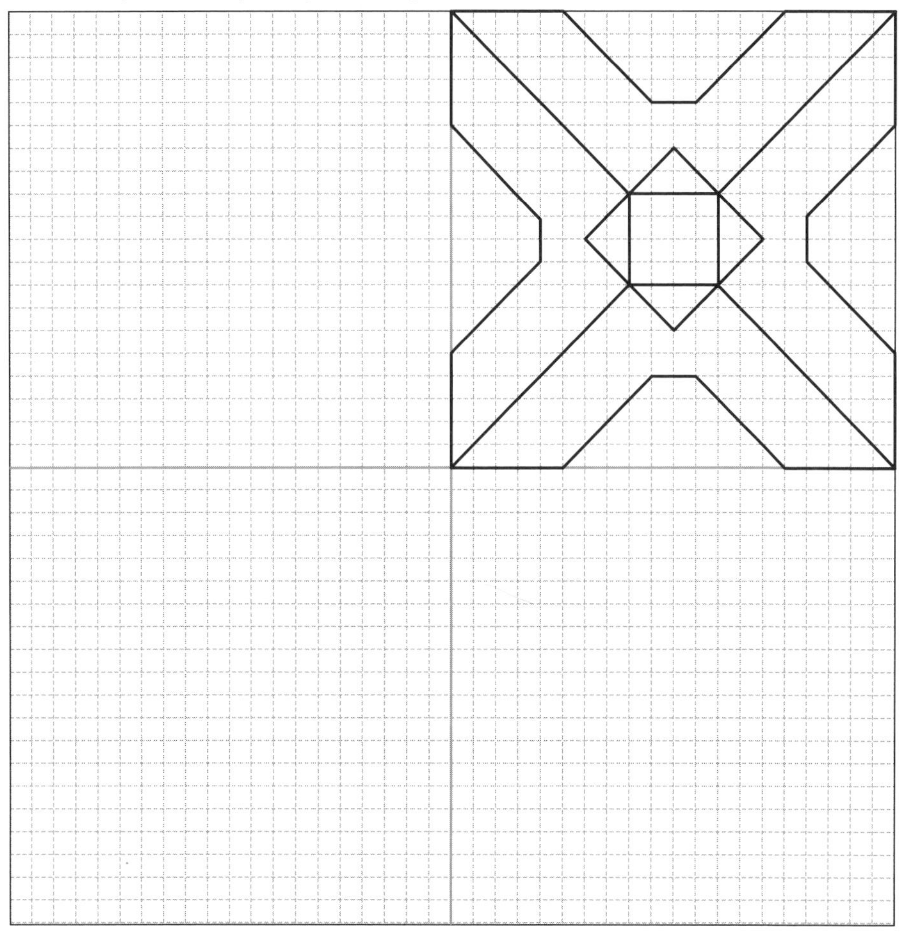

■D(￣ー￣*)コーヒーブレイク

シンメトリーの美しさ

機械設計をする上で、デザインや機能上からシンメトリー（対称）なデザインを行うことがよくあります。

また、芸術の世界では、シンメトリーに見られる様式美は憧れの想像美であるといわれています。これは、対称形であると安定感や安心感を感じるところによるものが多いと思われます。ちなみに、対称ではないものはアシンメトリーといいます。

我々の身近なものでシンメトリーの代表的なものには次のようなものがあります。

・京都の平等院（10円玉の表に描かれている寺院）
・家紋
・パルテノン神殿
・エジプトの胸像

平等院

エジプトの胸像

万華鏡

万華鏡は中に3 枚の鏡を組み合わせた正三角柱が入っています。鏡が内側に向いているので、中をのぞくと正三角柱の底面にある模様が周りの鏡に映って美しい模様が線対称の集合体として見える筒状のおもちゃです。

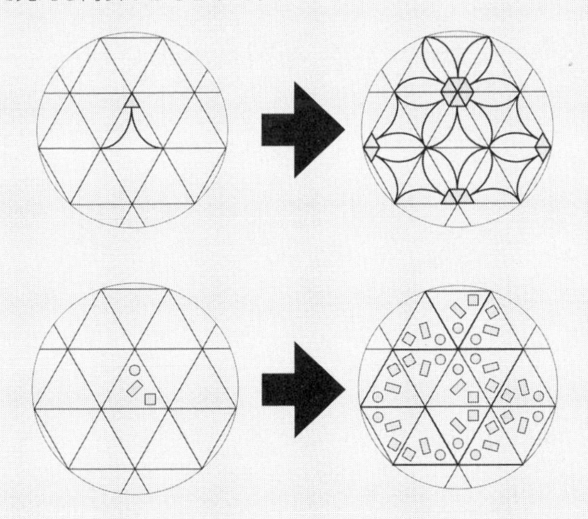

空欄の枠に線対称あるいは点対称の図形を記入しなさい。

Make line-symmetric or point-symmetric figures in the blank column.

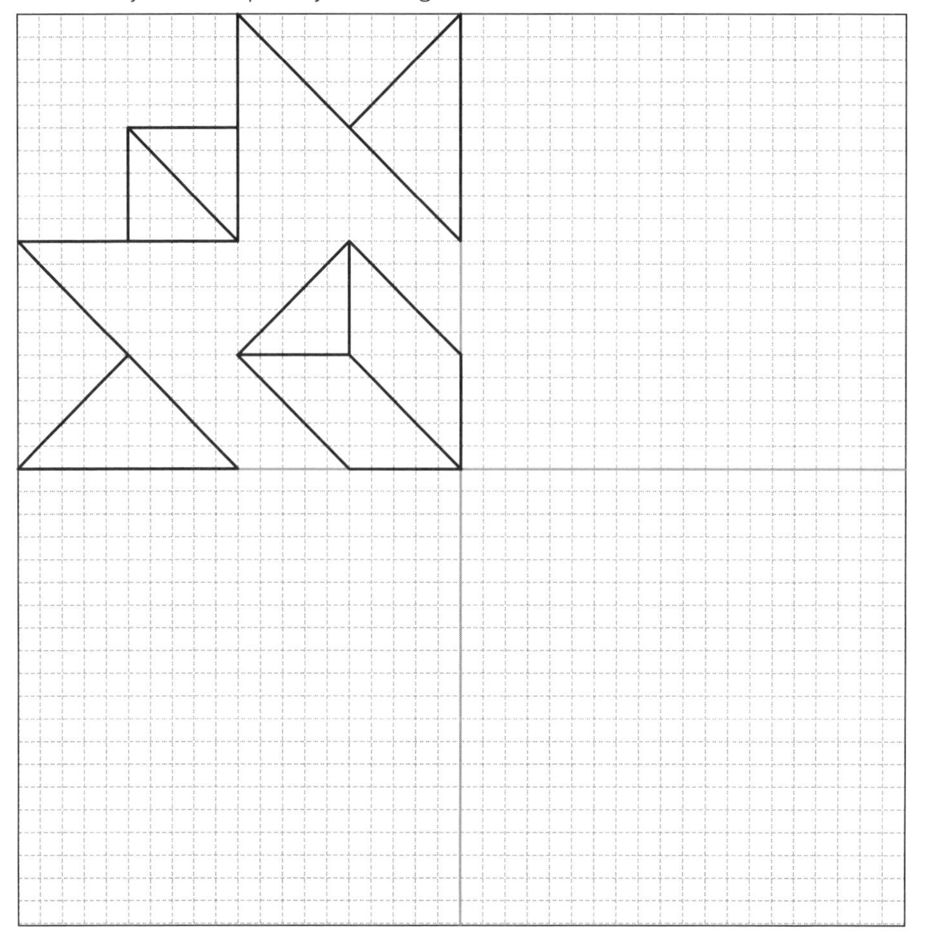

【ステッチパターンのスケッチ演習】 LEVEL 1-02

空欄の枠に線対称あるいは点対称の図形を記入しなさい。

Make line-symmetric or point-symmetric figures in the blank column.

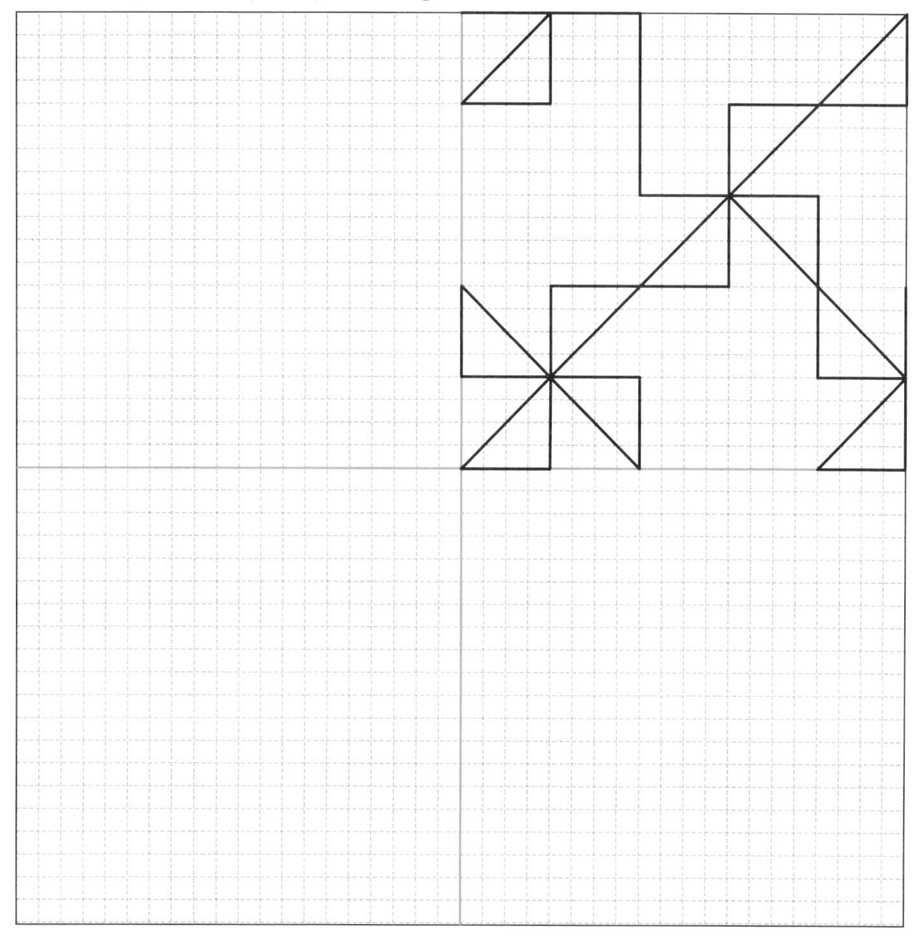

空欄の枠に線対称あるいは点対称の図形を記入しなさい。

Make line-symmetric or point-symmetric figures in the blank column.

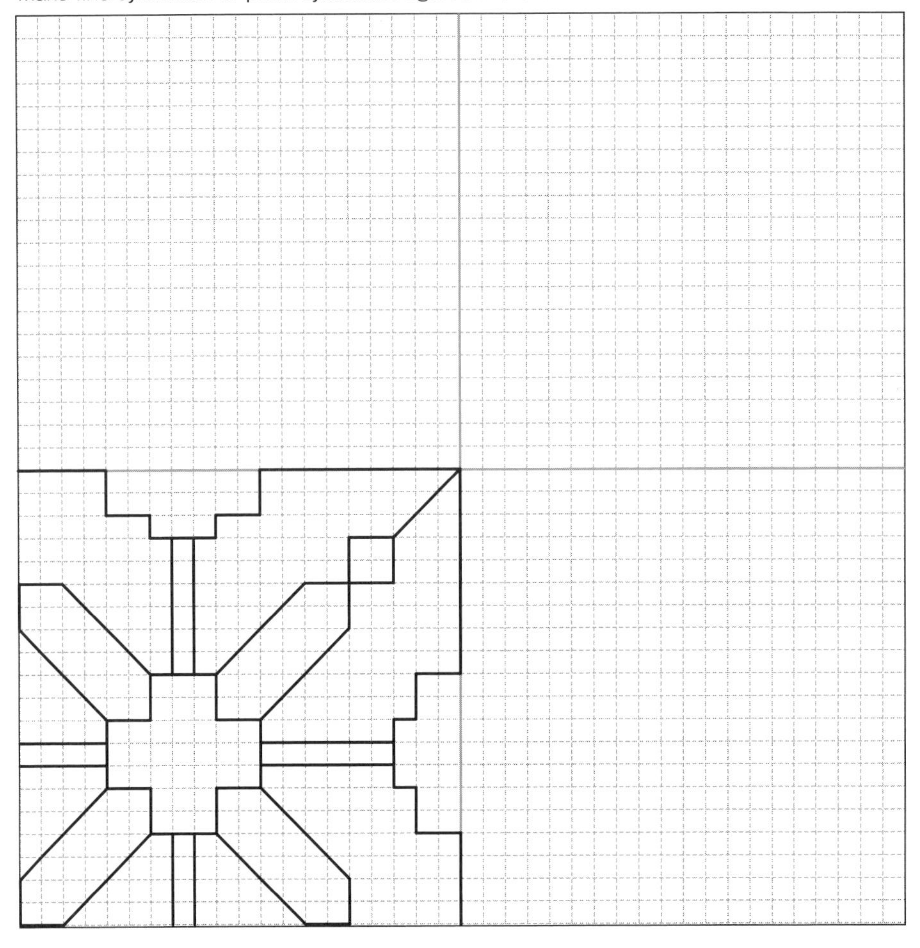

【ステッチパターンのスケッチ演習】 LEVEL 1-04

空欄の枠に線対称あるいは点対称の図形を記入しなさい。

Make line-symmetric or point-symmetric figures in the blank column.

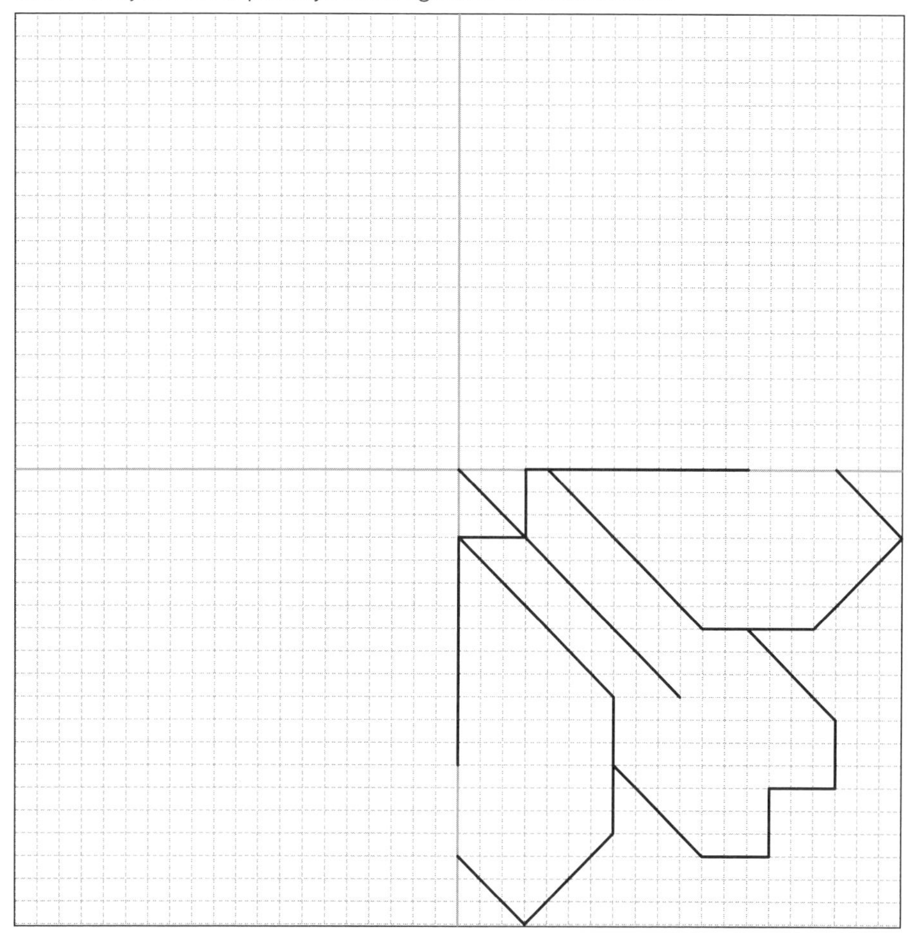

■D(￣ー￣*)コーヒーブレイク

規則性のある図形

　規則性や繰り返し性を持つ体系化された図形は、見飽きることがなくデザイン性が高いといえます。

　パターン図形を見たり描いたりすることで、美しい形状を作成するスキルが上がると思います。

　規則性や繰り返し性を持つ図形の一部を紹介しますので、スケッチ練習などをするとよいでしょう。

【ステッチパターンのスケッチ演習】

空欄の枠に線対称あるいは点対称の図形を記入しなさい。

Make line-symmetric or point-symmetric figures in the blank column.

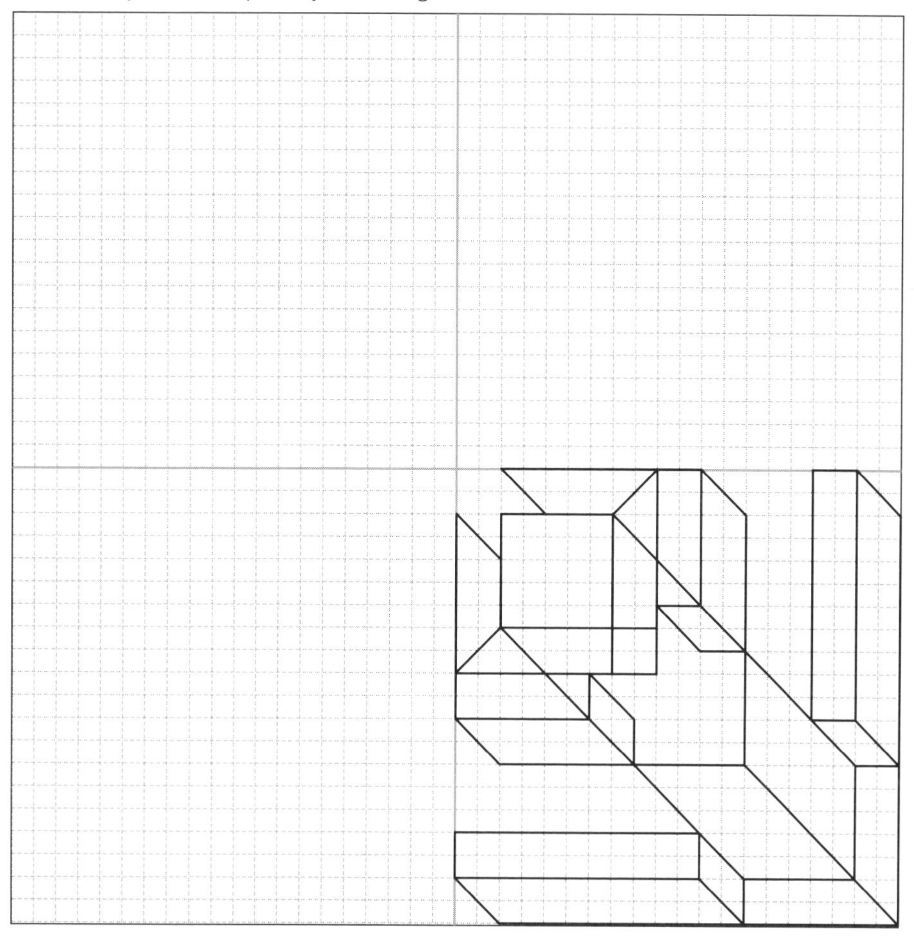

【ステッチパターンのスケッチ演習】 LEVEL 2-02

空欄の枠に線対称あるいは点対称の図形を記入しなさい。

Make line-symmetric or point-symmetric figures in the blank column.

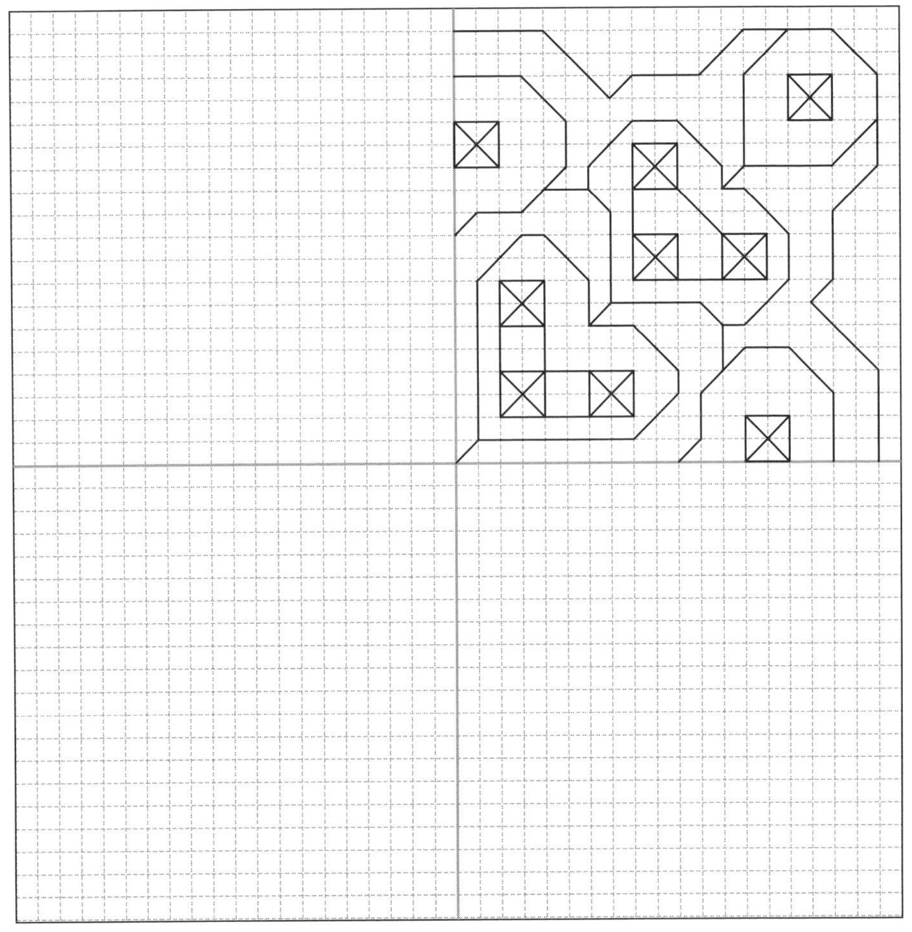

■D(￣ー￣*)コーヒーブレイク

アンビグラム（Am bigram）

アンビグラムとは、異なる方向（例えば180°回転したり、鏡像に映したりする方向）からも読めるグラフィカルな文字をいいます。

本書の演習は、3 次元と2 次元を頭の中で試行する演習が主になります。
そこで、次のようなアンビグラムを作成してみました。

アンビグラムに関しては素人の私（山田）が作成しましたので、まだまだ改善の余地がありますが・・・(*´Д`))

上の文字は「3じげん」、下の文字は「2じげん」です。
読み取ることができましたか？？

このように、アンビグラムを考案するだけでもロジカルシンキングのよい練習になることでしょう。

解答例 **LEVEL 0-01**

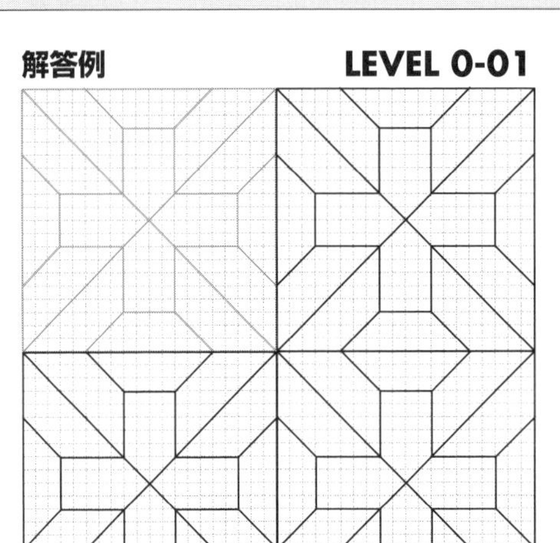

解答例 **LEVEL 0-02**

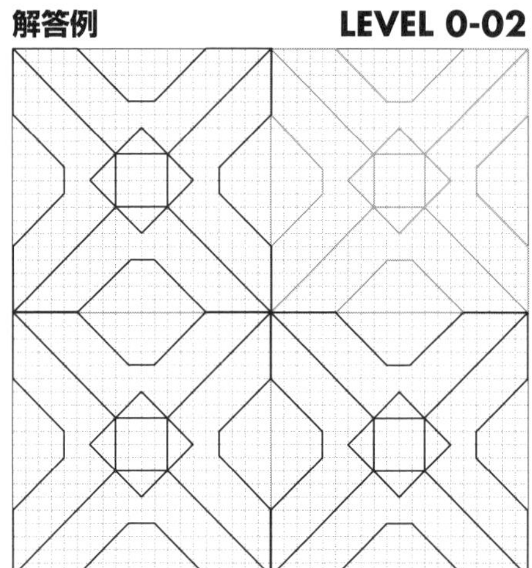

解答例 **LEVEL 1-01**

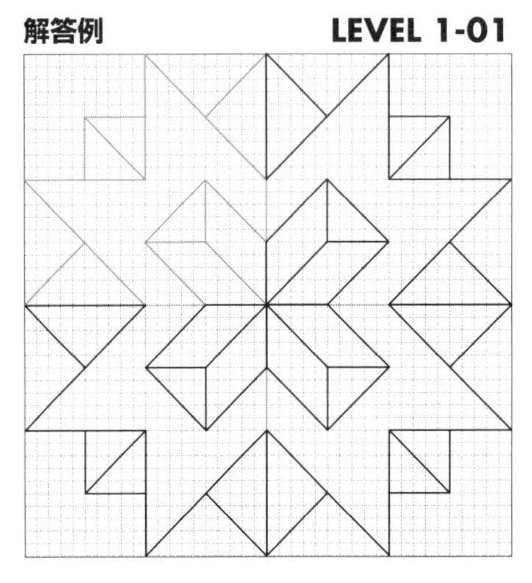

解答例 **LEVEL 1-02**

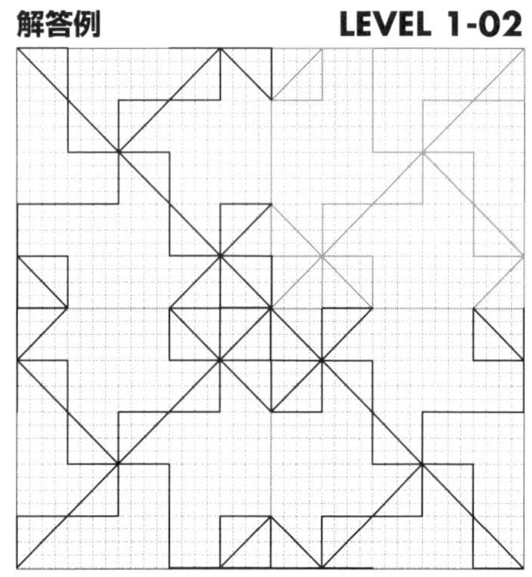

解答例 **LEVEL 1-03**

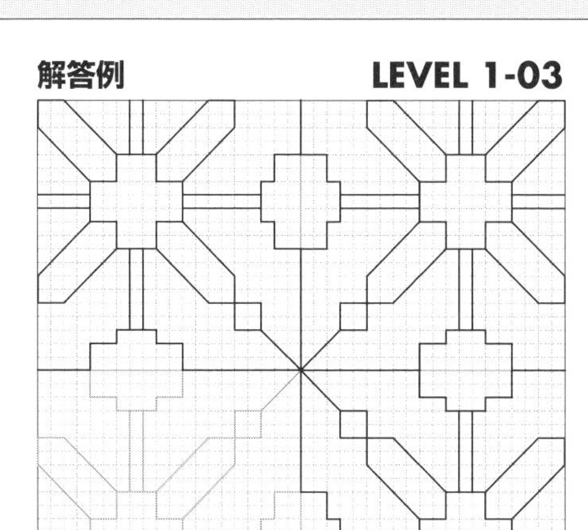

解答例 **LEVEL 1-04**

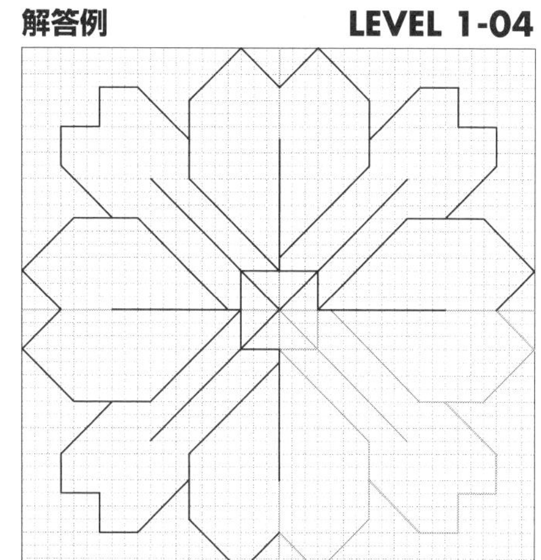

解答例 **LEVEL 2-01**

解答例 **LEVEL 2-02**

第2章

投影図展開シンキング
～立体図を第三角法の投影図に展開する～

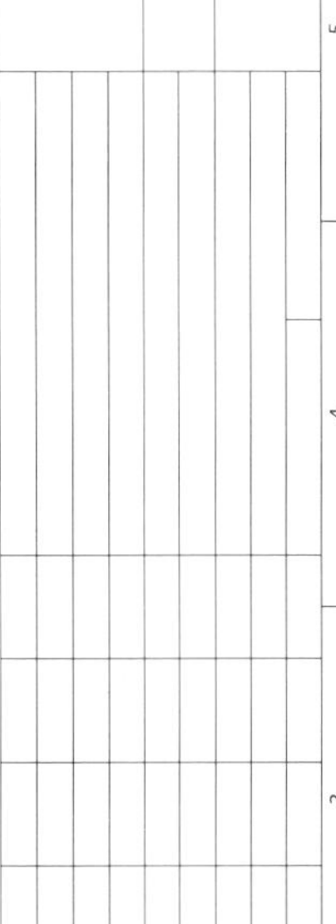

いまどき、
2次元の投影図なんて、
CAD が勝手に作ってくれる
んとちゃうん?

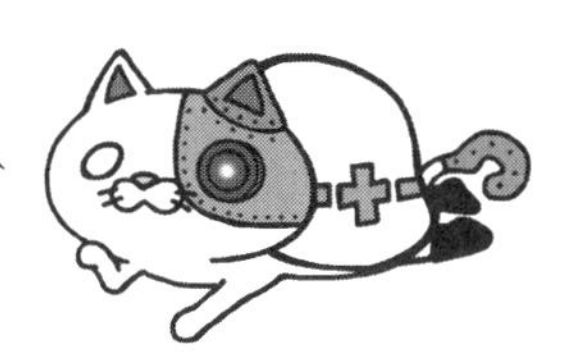

3次元CAD を使えば投影図は
自動で展開してくれるけど、
自分で展開できる能力がなければ、
3D モデルさえ設計でけへんのや!

第三角法の説明

日本やアメリカで図面を描く際に使われる投影図の配列規則です。

投影図とは、投影対象物をさまざまな方向から見た図をいいます。正面図を設定した後の周辺の投影図の呼び方を次に示します。

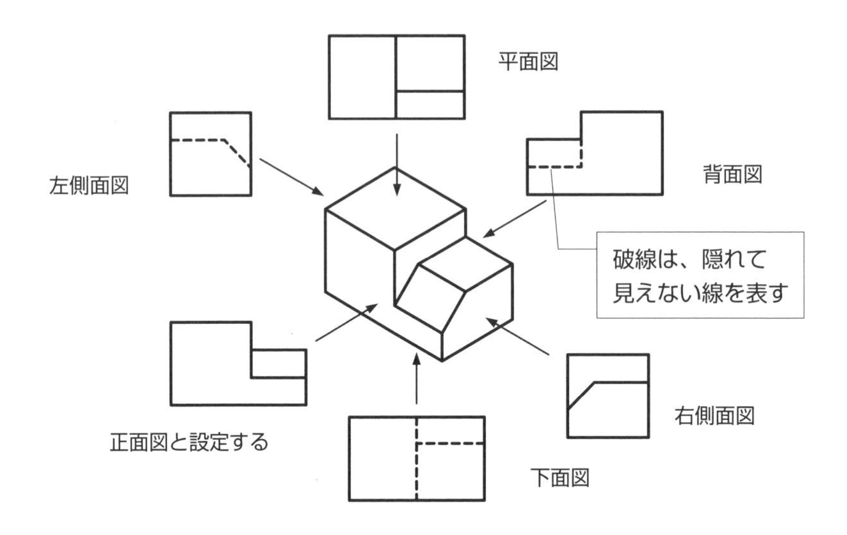

図面では、正面図の周辺に他の方向から見た投影図を配置する決まりごとを投影法といい、日本では次に示す第三角法（Third angle）のレイアウトが用いられます。

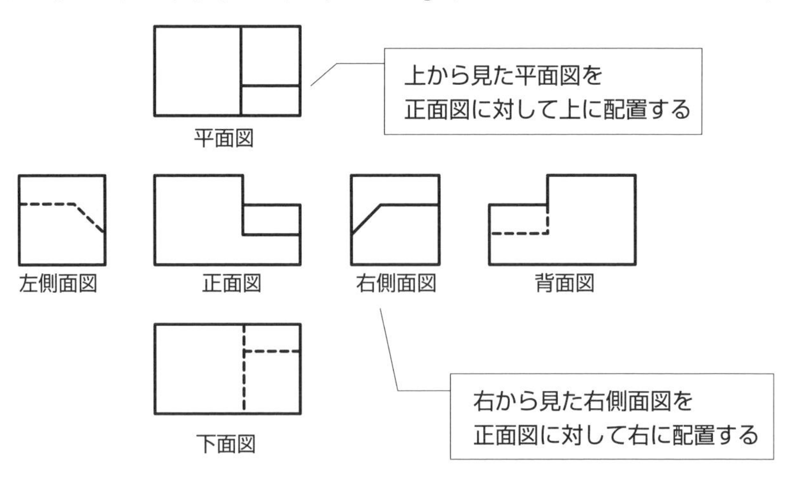

課題図の前提条件とマス目の数え方

斜め30°と垂直線で描かれた背景を“アイソメの方眼紙”といいます。

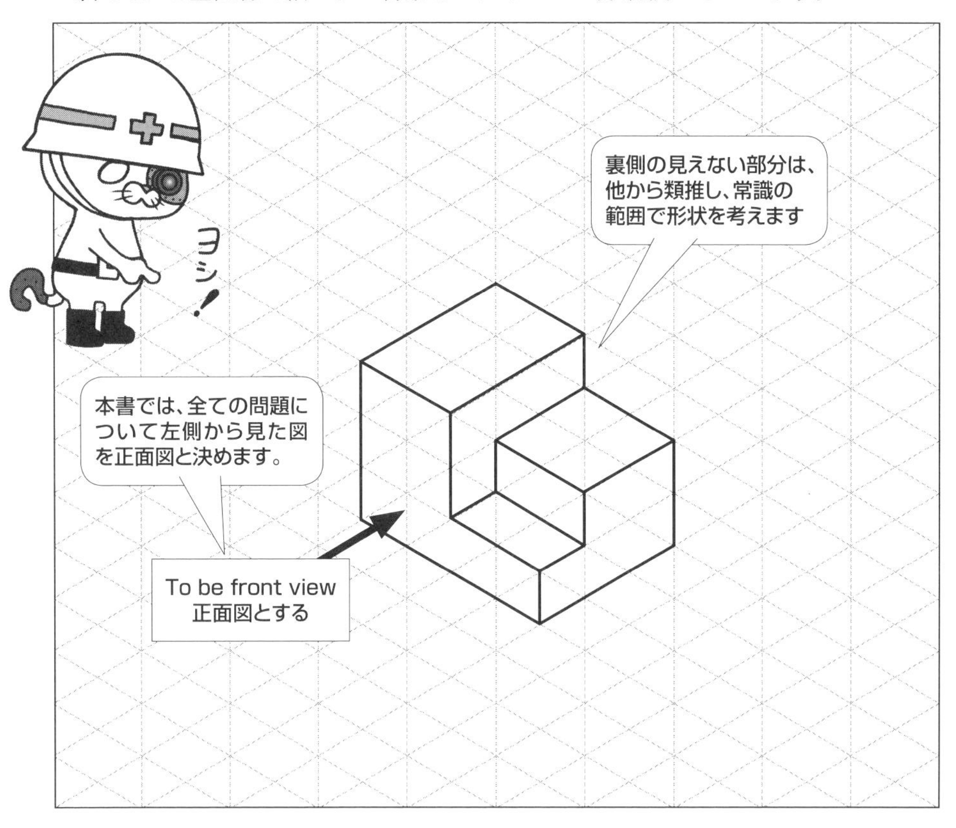

アイソメの方眼紙のマス目の数え方です。一般的な方眼紙と同じく、交点間で1マスと数えます。

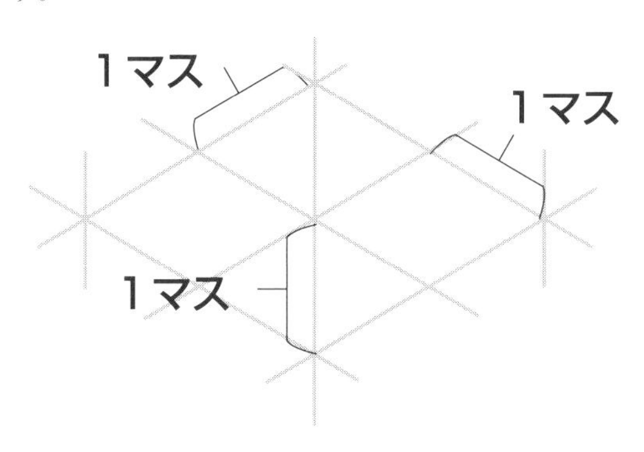

解答図の条件と描き方

投影図の必要とするマス目と指定された間隔を考慮して、フリーハンドで6 方向の投影図を記入します。 投影図の配置は、正面図を基準とし、下図を参考にしてください。

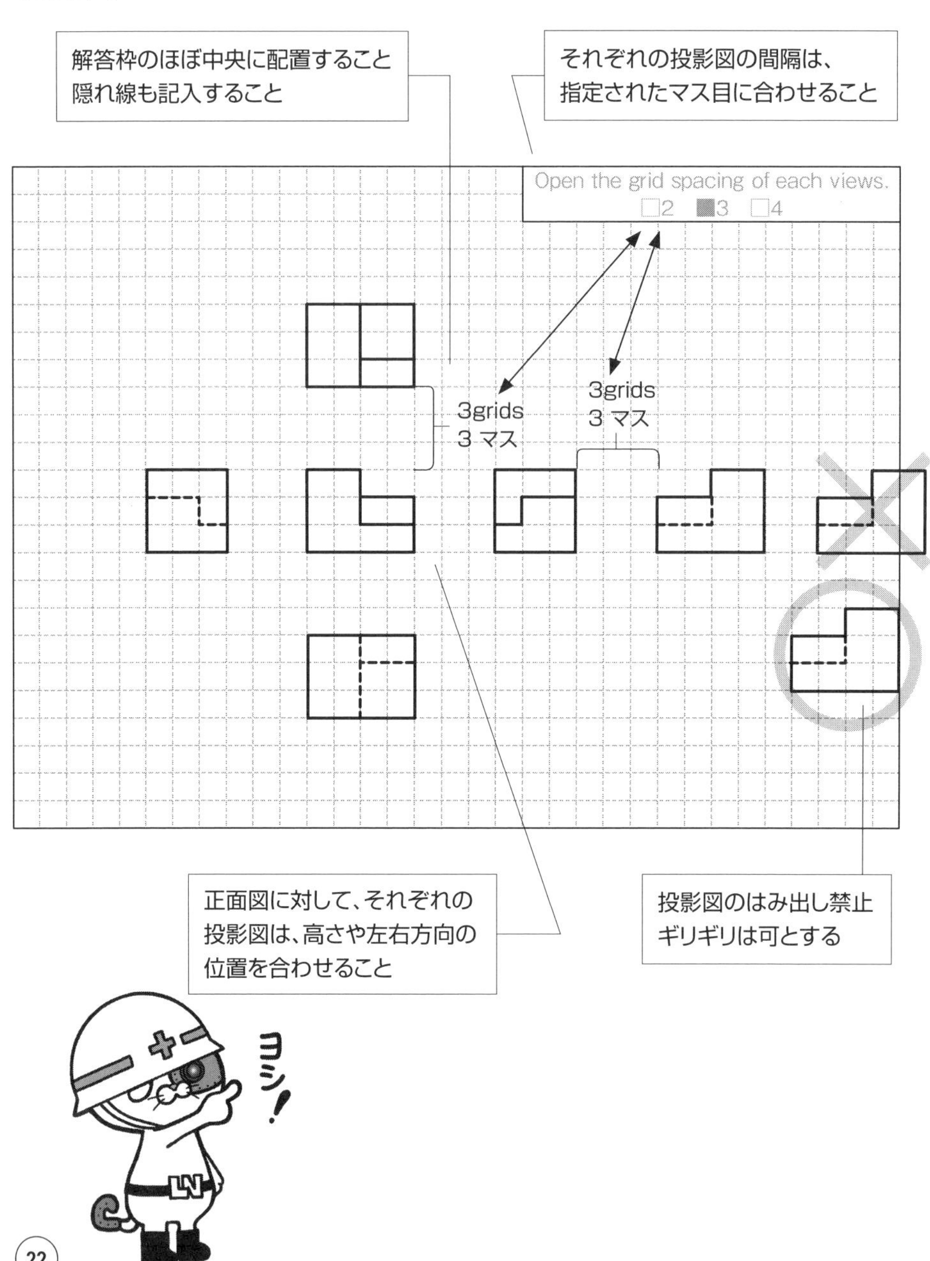

■D(￣ー￣*)コーヒーブレイク

美しく見えるサイズ比（黄金比・白銀比）

ビジュアルデザインを行ううえで、人間が美しいと感じる比率があります。この比率は貴金属の名称を用いて利用され、代表的なものに“黄金比（おうごんひ）”と“白銀比（はくぎんひ）”があります。

黄金比とは、縦横比が1:1.618 でできたものです。世界的に有名なモナリザの顔やパルテノン神殿、Apple のロゴマークなどにも採用され、グローバルに美しさを表現したい場合に用いられる比率です。

白銀比とは、別名、大和比（やまとひ）とも呼ばれ、縦横比が1:1.414 でできたものです。古くから日本建築で使われている比率で、キティちゃんやアンパンマンの顔のサイズに採用されていることから、特に日本人が親近感を持つ比率といえます。

皆さんは、次のロゴマークでどれが一番美しいと思いますか？

アンケートを取ると、人の感性によるものなので結果は当然ばらつきますが、多くの人が黄金比あるいは白銀比を選び、特に日本人は白銀比を選択する人が多い傾向になります。

機械部品の形状を設計する際は、周辺のスペースとの兼ね合いから、これらの比率で設計することは大変難しいといえます。

しかし人が操作する部分の形状を設計する場合には、形状を決める根拠として使うとよいでしょう。

次の立体図を第三角法に従い、6つの投影図に展開しなさい。
正面図は、アイソメ図を左側から見た面とすること。
隠れ線がある場合は、隠れ線を破線で記入すること。

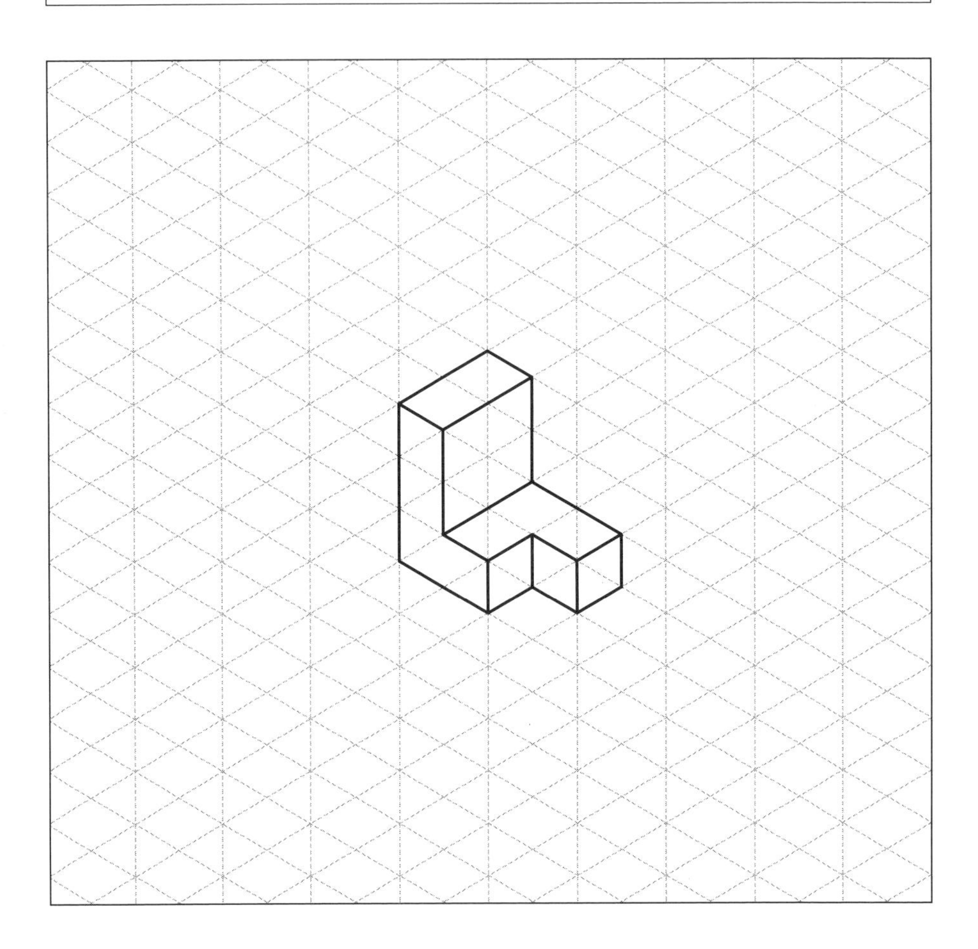

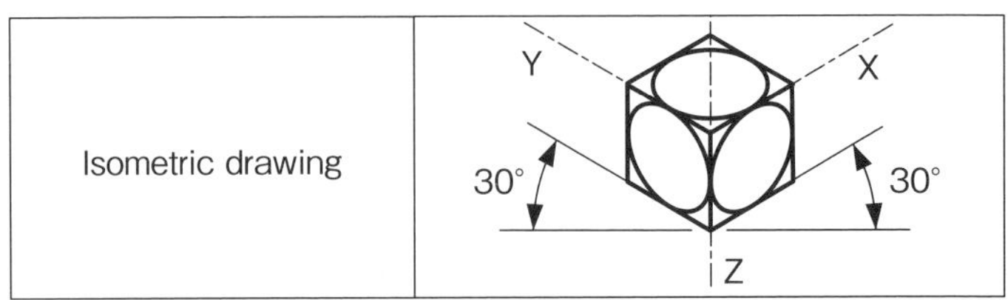

【投影図展開演習】解答記入欄

LEVEL 0-01

第三角法によって、正面図を基準として6つの投影図を記入すること。
解答記入欄からはみ出さないよう、必要なマス目を調べること。
それぞれの投影図は、指定されたマス目の間隔をあけること。

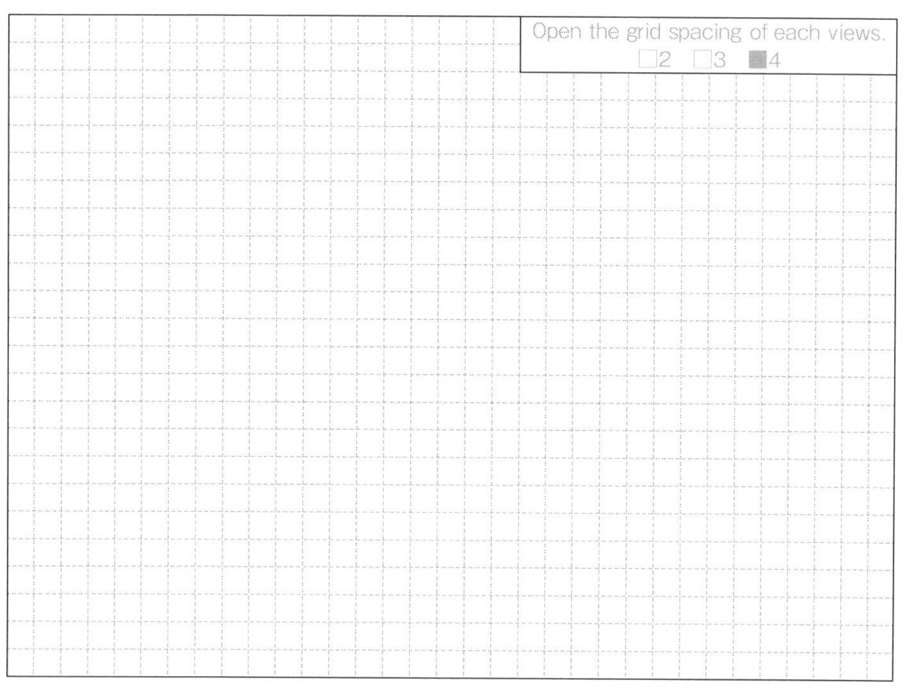

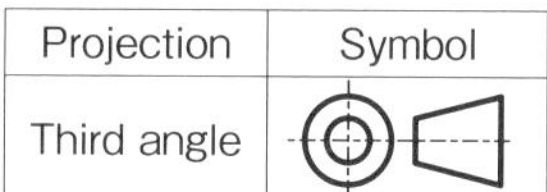

Projection	Symbol
Third angle	

次の立体図を第三角法に従い、6つの投影図に展開しなさい。
正面図は、アイソメ図を左側から見た面とすること。
隠れ線がある場合は、隠れ線を破線で記入すること。

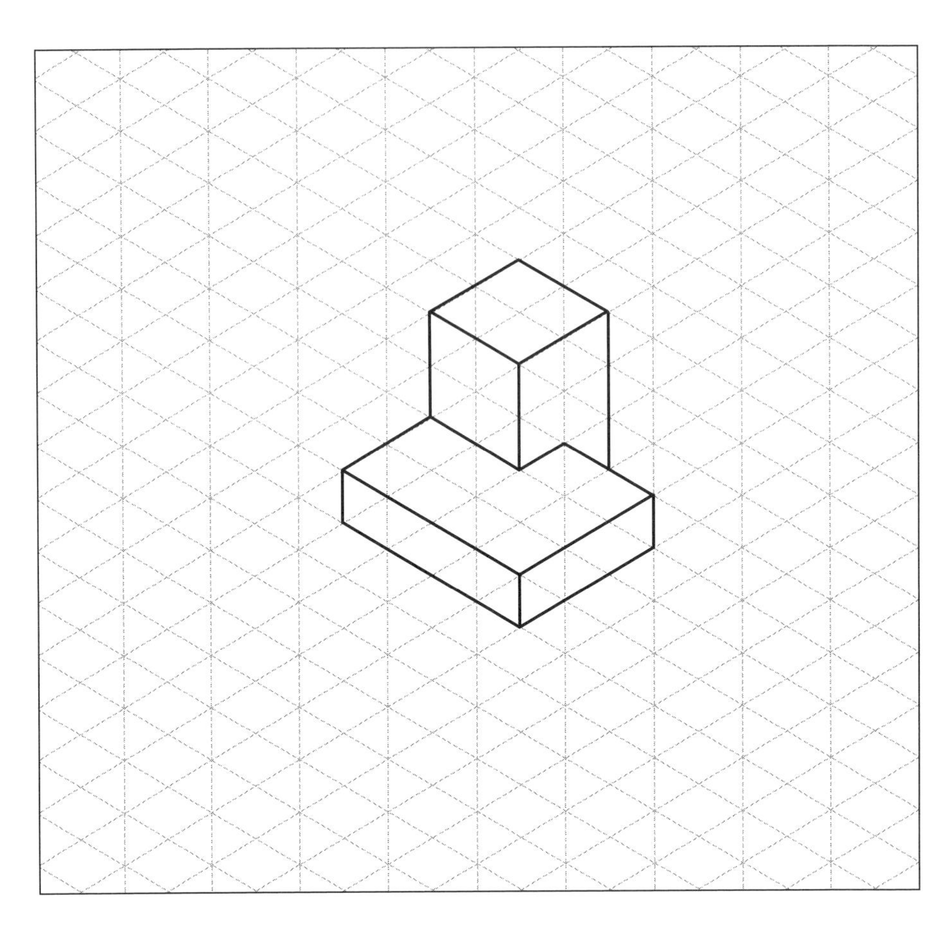

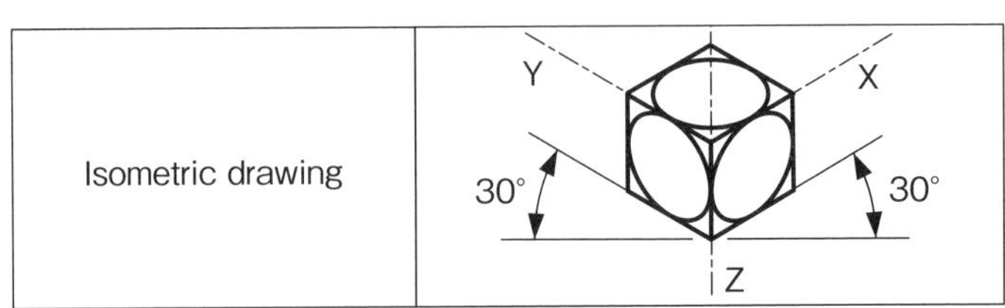

第三角法によって、正面図を基準として6つの投影図を記入すること。
解答記入欄からはみ出さないよう、必要なマス目を調べること。
それぞれの投影図は、指定されたマス目の間隔をあけること。

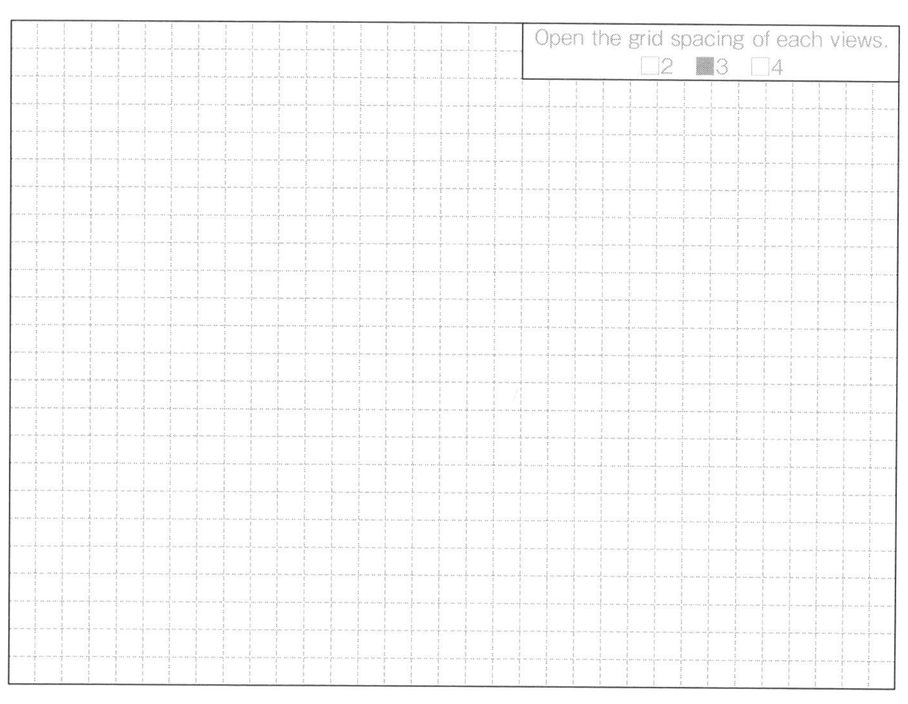

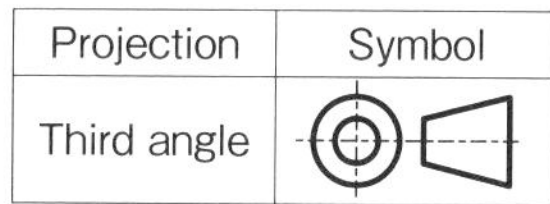

Projection	Symbol
Third angle	

次の立体図を第三角法に従い、6つの投影図に展開しなさい。
正面図は、アイソメ図を左側から見た面とすること。
隠れ線がある場合は、隠れ線を破線で記入すること。

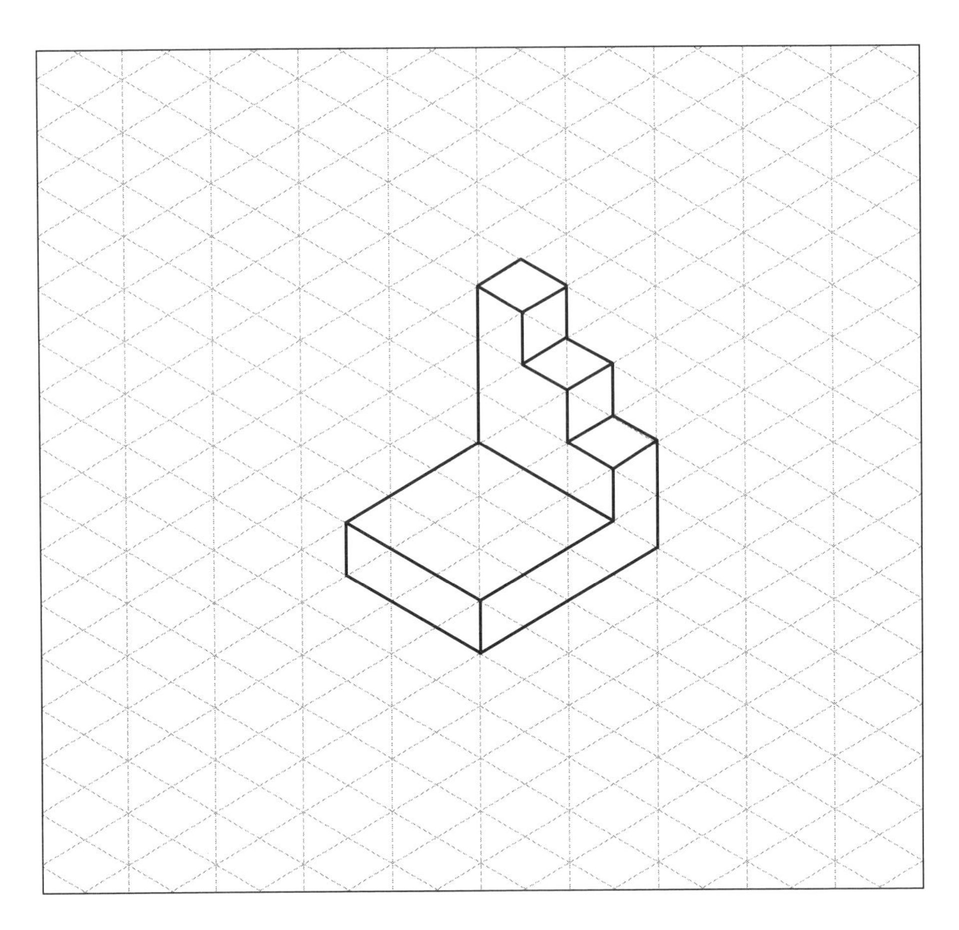

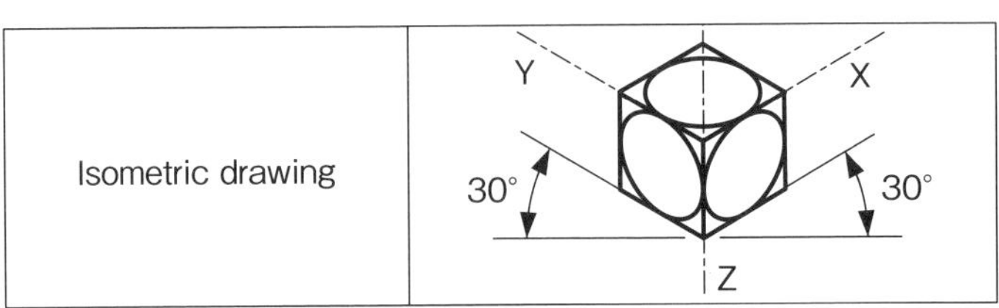

【投影図展開演習】解答記入欄

LEVEL 0-03

第三角法によって、正面図を基準として6つの投影図を記入すること。
解答記入欄からはみ出さないよう、必要なマス目を調べること。
それぞれの投影図は、指定されたマス目の間隔をあけること。

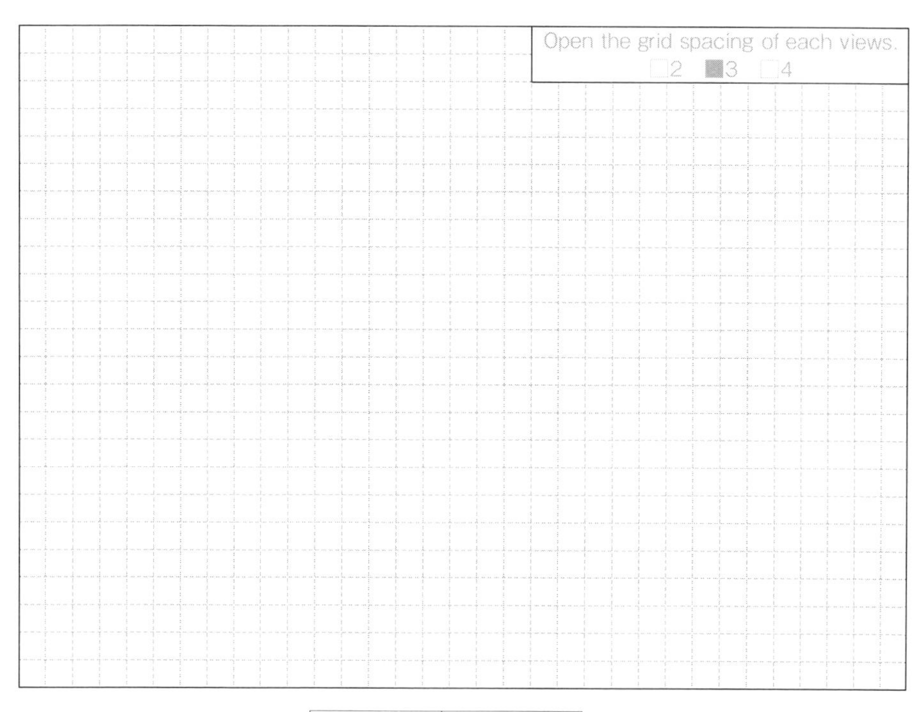

Projection	Symbol
Third angle	

次の立体図を第三角法に従い、6つの投影図に展開しなさい。
正面図は、アイソメ図を左側から見た面とすること。
隠れ線がある場合は、隠れ線を破線で記入すること。

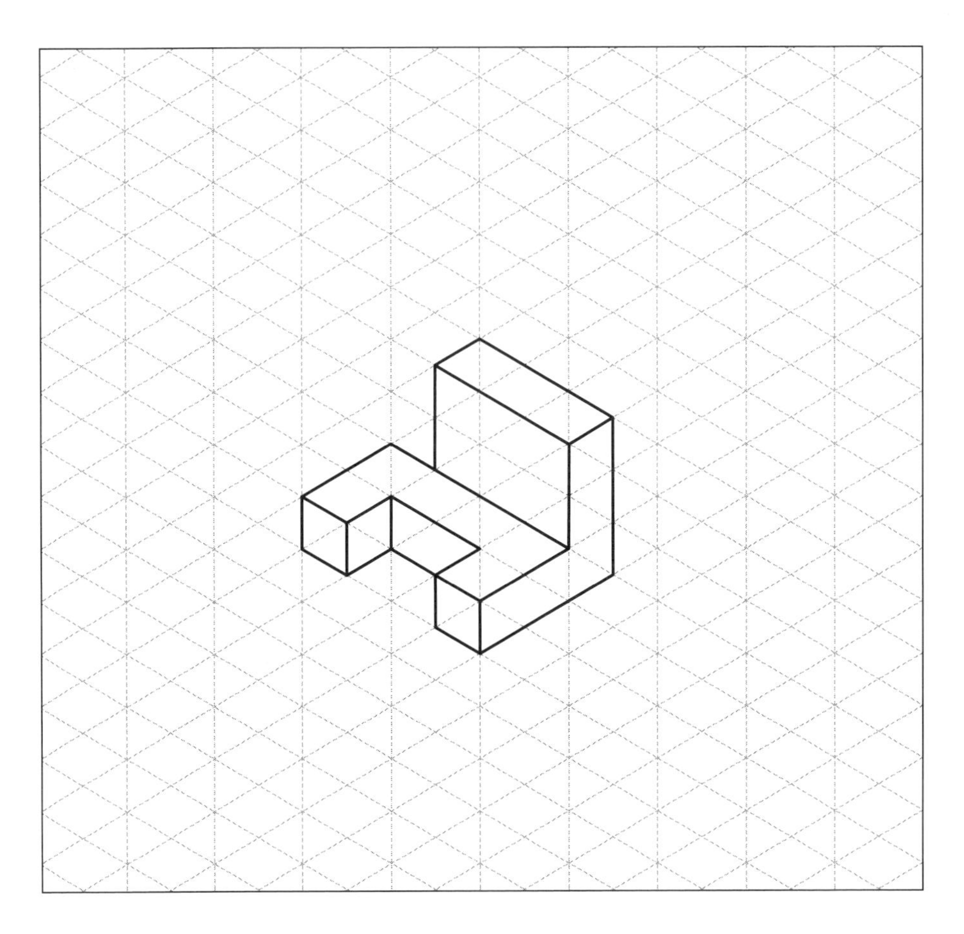

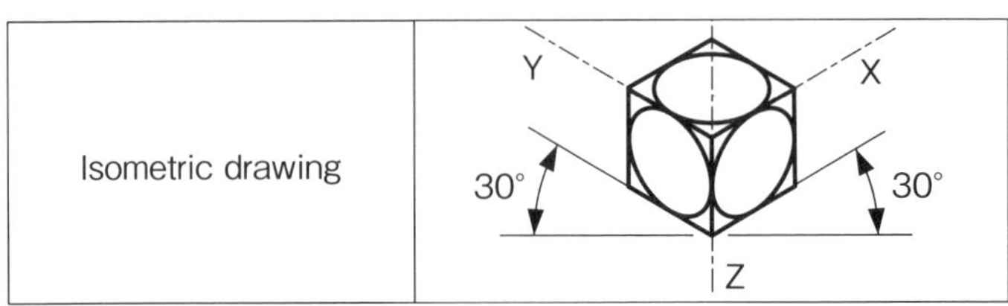

【投影図展開演習】解答記入欄

LEVEL 0-04

第三角法によって、正面図を基準として6つの投影図を記入すること。
解答記入欄からはみ出さないよう、必要なマス目を調べること。
それぞれの投影図は、指定されたマス目の間隔をあけること。

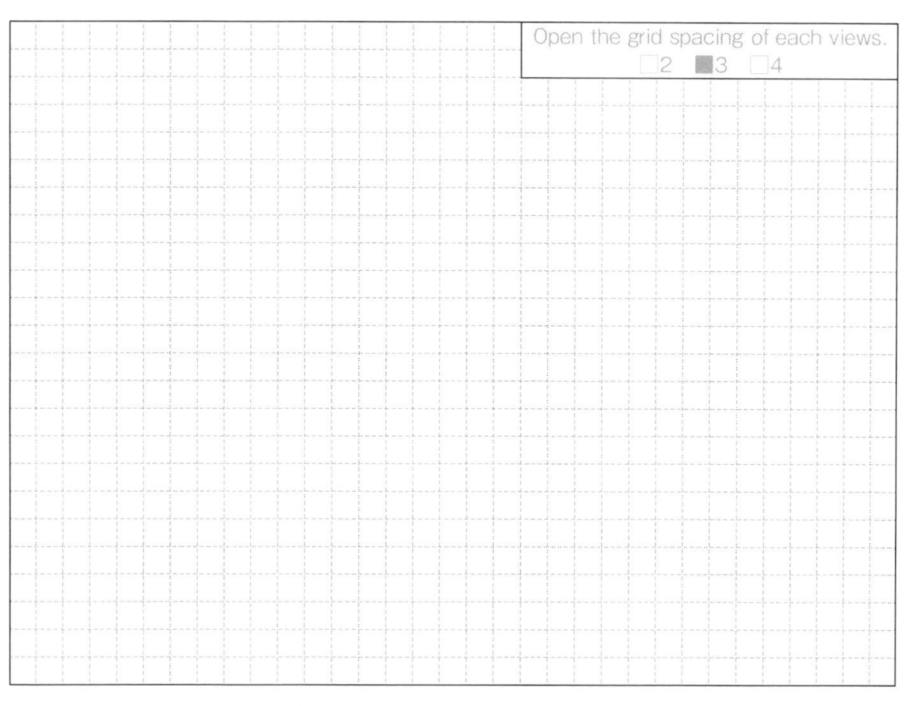

Projection	Symbol
Third angle	

【投影図展開演習】 LEVEL 0-05

次の立体図を第三角法に従い、6つの投影図に展開しなさい。
正面図は、アイソメ図を左側から見た面とすること。
隠れ線がある場合は、隠れ線を破線で記入すること。

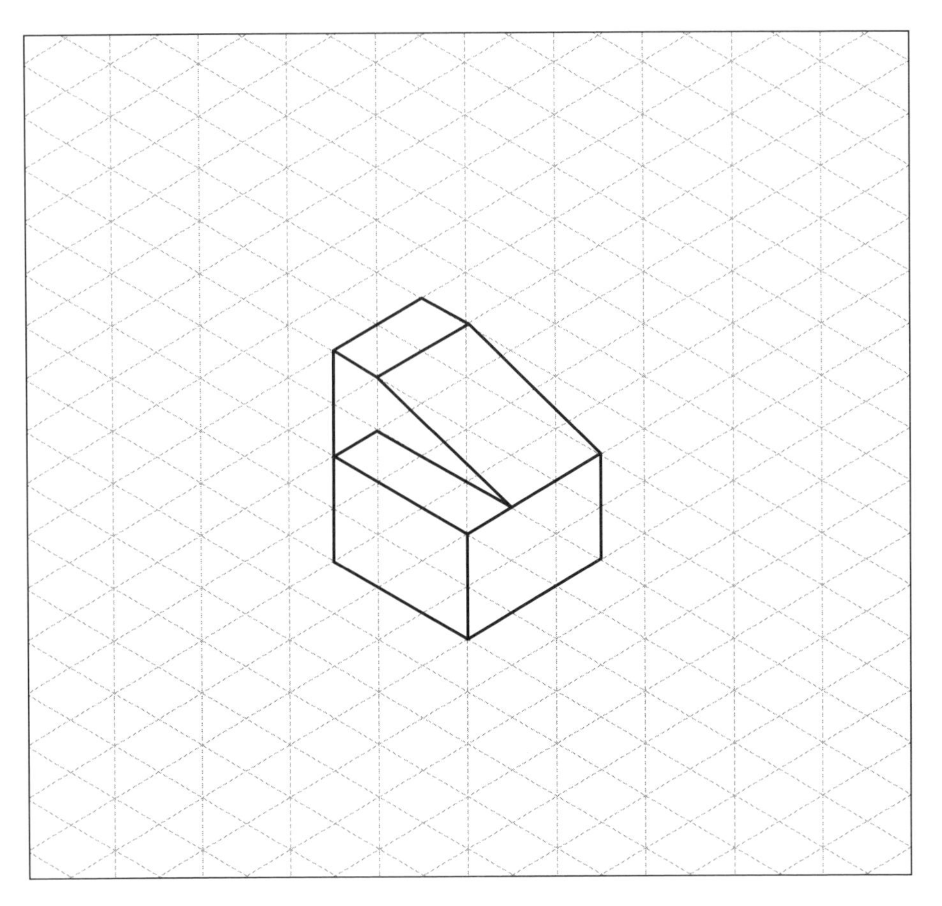

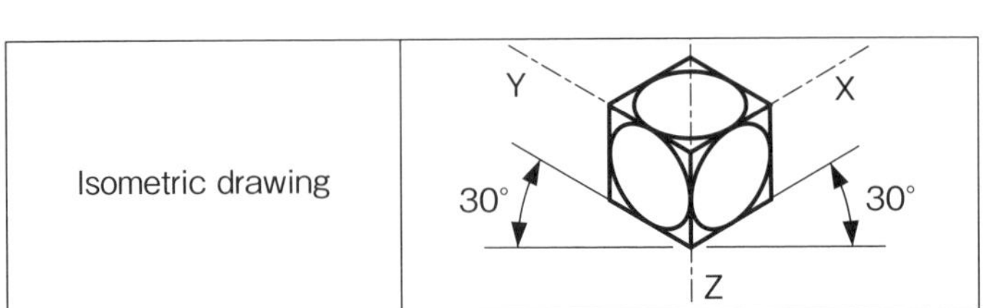

第三角法によって、正面図を基準として6つの投影図を記入すること。
解答記入欄からはみ出さないよう、必要なマス目を調べること。
それぞれの投影図は、指定されたマス目の間隔をあけること。

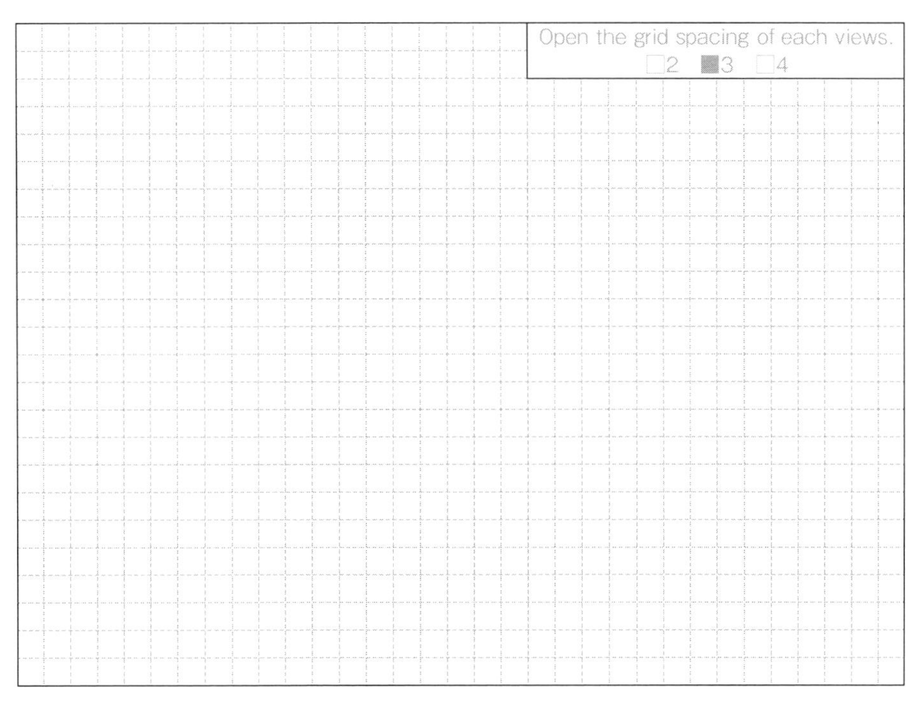

Projection	Symbol
Third angle	

次の立体図を第三角法に従い、6つの投影図に展開しなさい。
正面図は、アイソメ図を左側から見た面とすること。
隠れ線がある場合は、隠れ線を破線で記入すること。

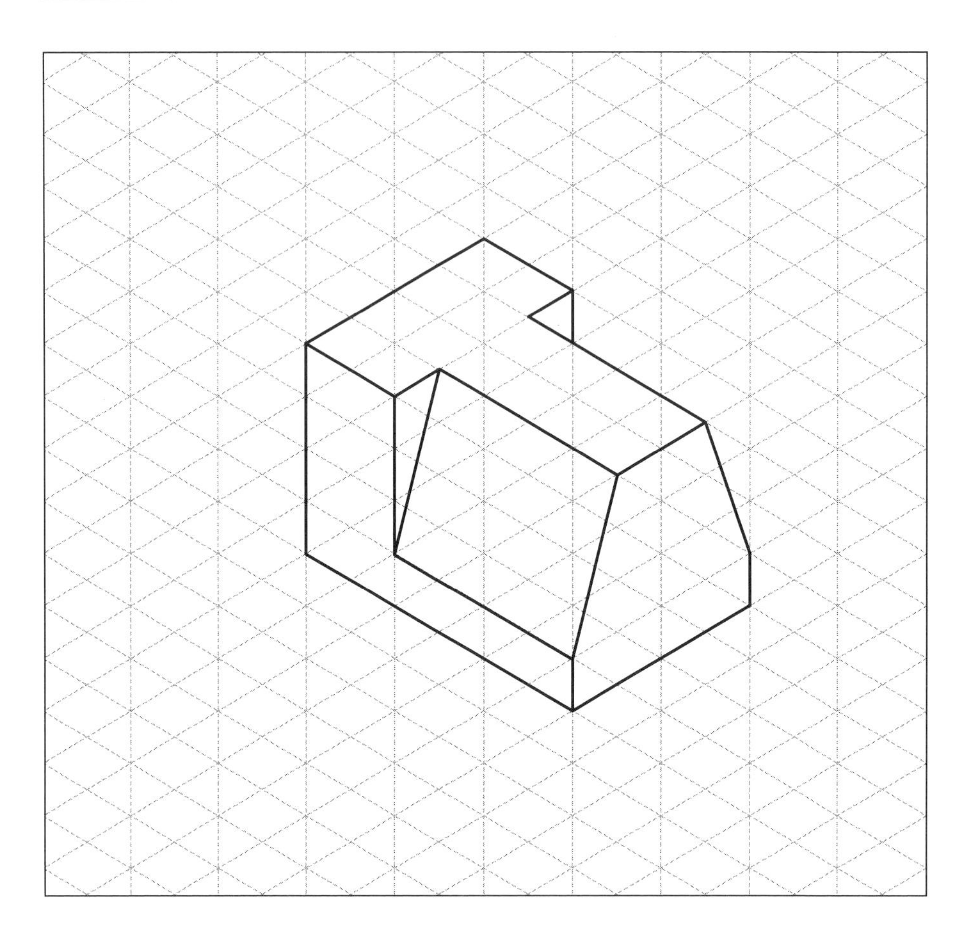

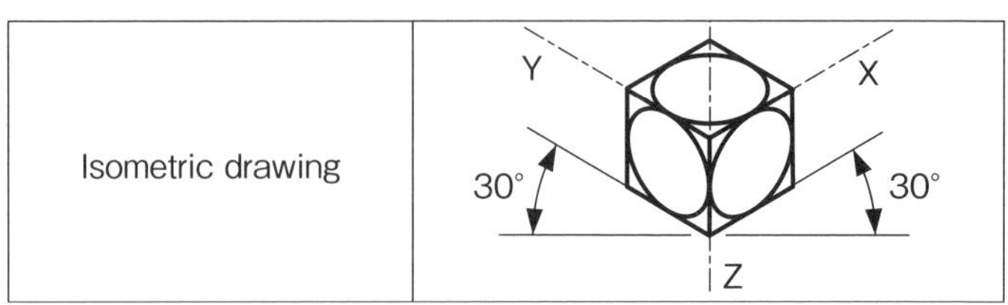

【投影図展開演習】解答記入欄

LEVEL 0-06

第三角法によって、正面図を基準として6つの投影図を記入すること。
解答記入欄からはみ出さないよう、必要なマス目を調べること。
それぞれの投影図は、指定されたマス目の間隔をあけること。

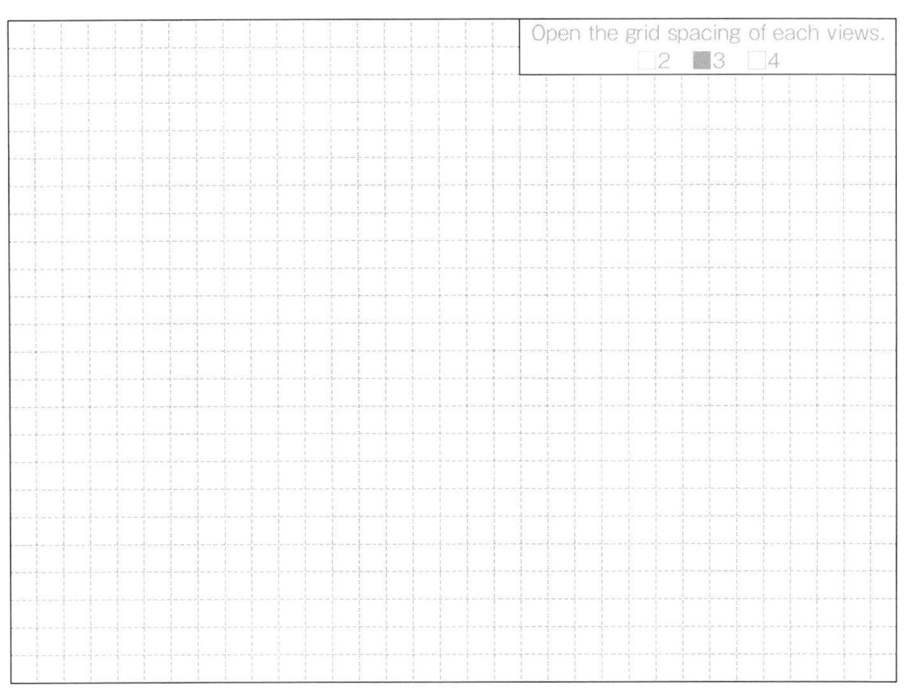

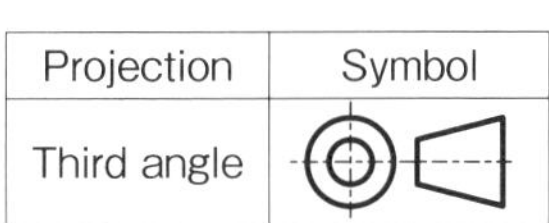

Projection	Symbol
Third angle	

次の立体図を第三角法に従い、6つの投影図に展開しなさい。
正面図は、アイソメ図を左側から見た面とすること。
隠れ線がある場合は、隠れ線を破線で記入すること。

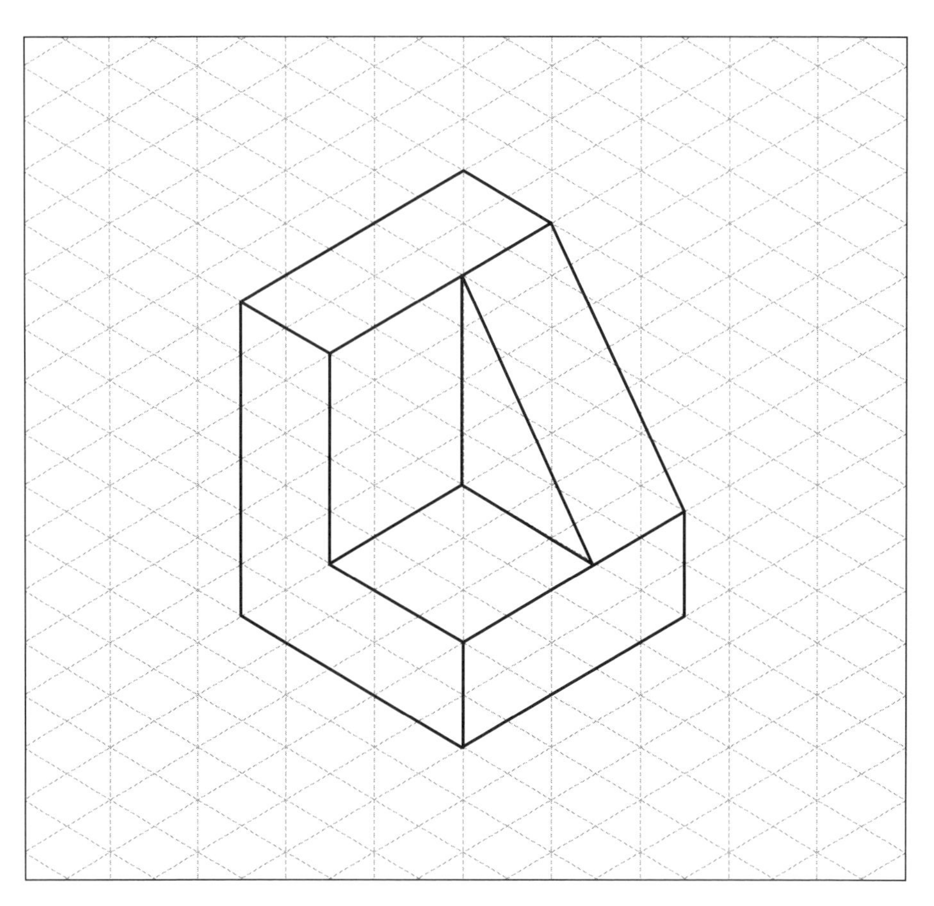

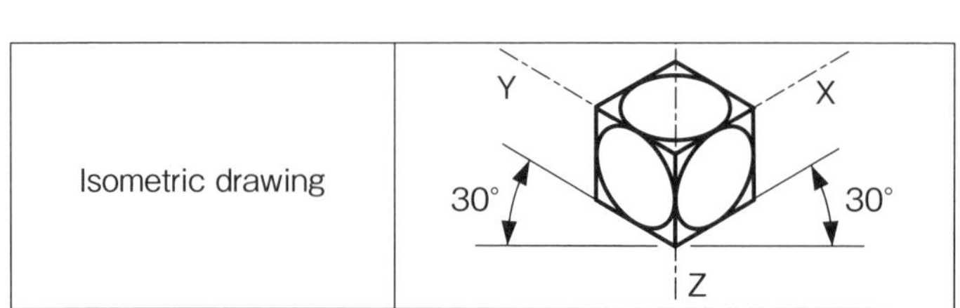

【投影図展開演習】解答記入欄　LEVEL 0-07

第三角法によって、正面図を基準として6つの投影図を記入すること。
解答記入欄からはみ出さないよう、必要なマス目を調べること。
それぞれの投影図は、指定されたマス目の間隔をあけること。

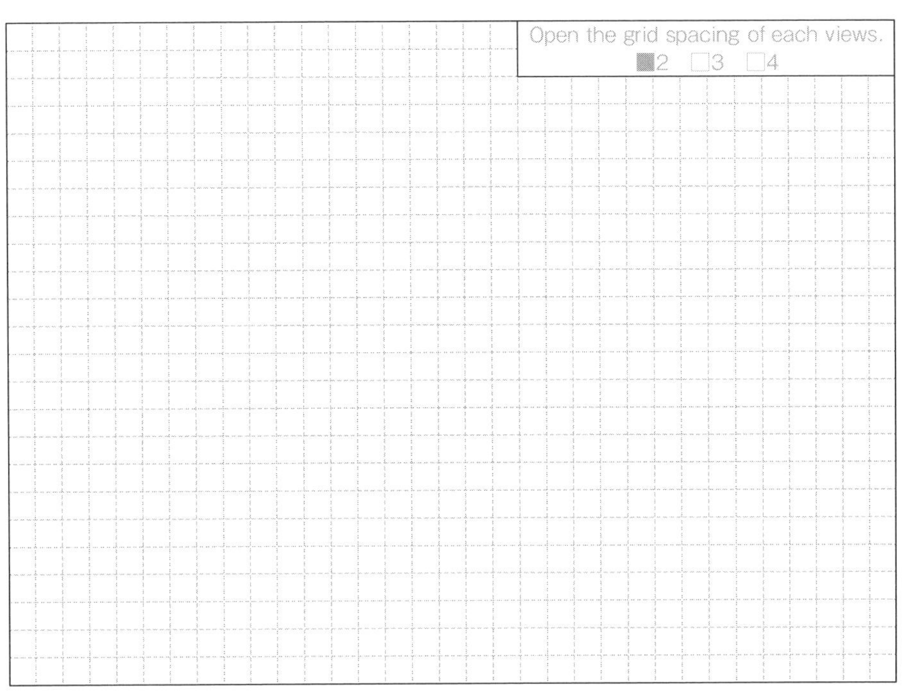

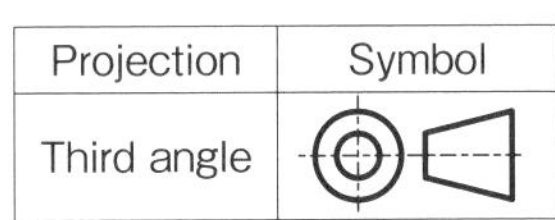

Projection	Symbol
Third angle	

次の立体図を第三角法に従い、6つの投影図に展開しなさい。
正面図は、アイソメ図を左側から見た面とすること。
隠れ線がある場合は、隠れ線を破線で記入すること。

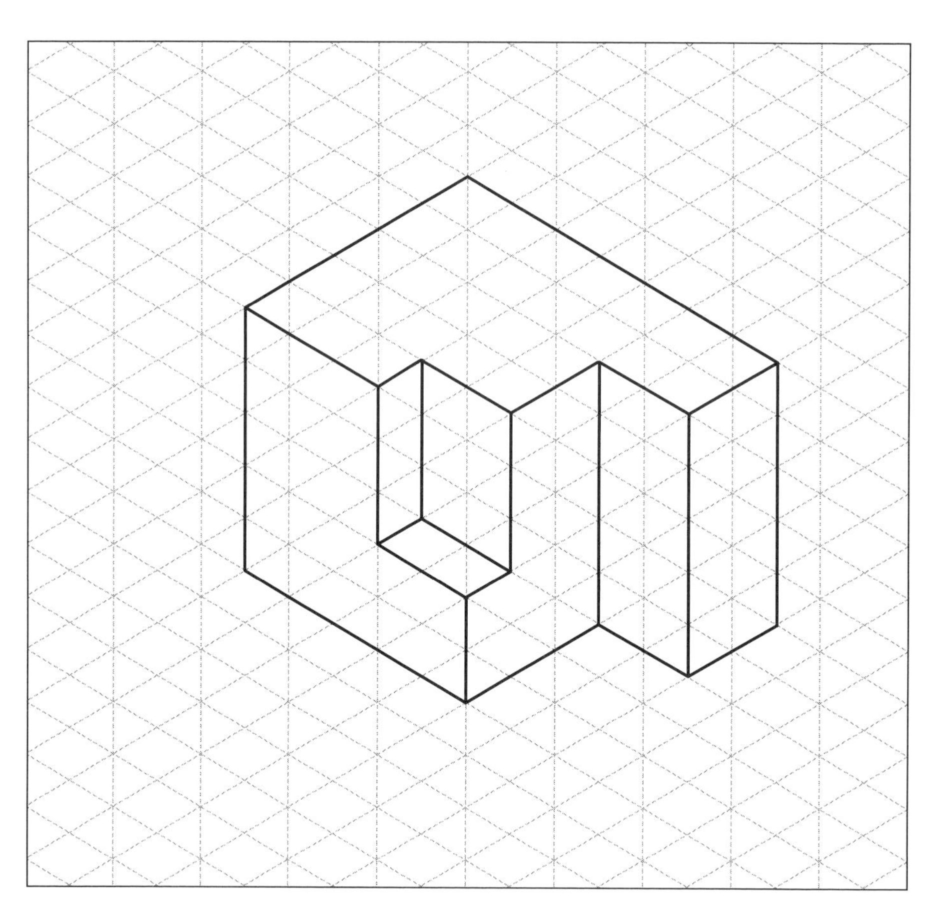

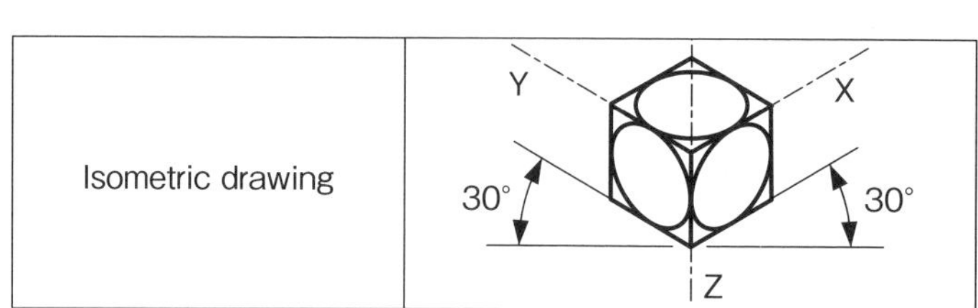

【投影図展開演習】解答記入欄　LEVEL 0-08

第三角法によって、正面図を基準として6つの投影図を記入すること。
解答記入欄からはみ出さないよう、必要なマス目を調べること。
それぞれの投影図は、指定されたマス目の間隔をあけること。

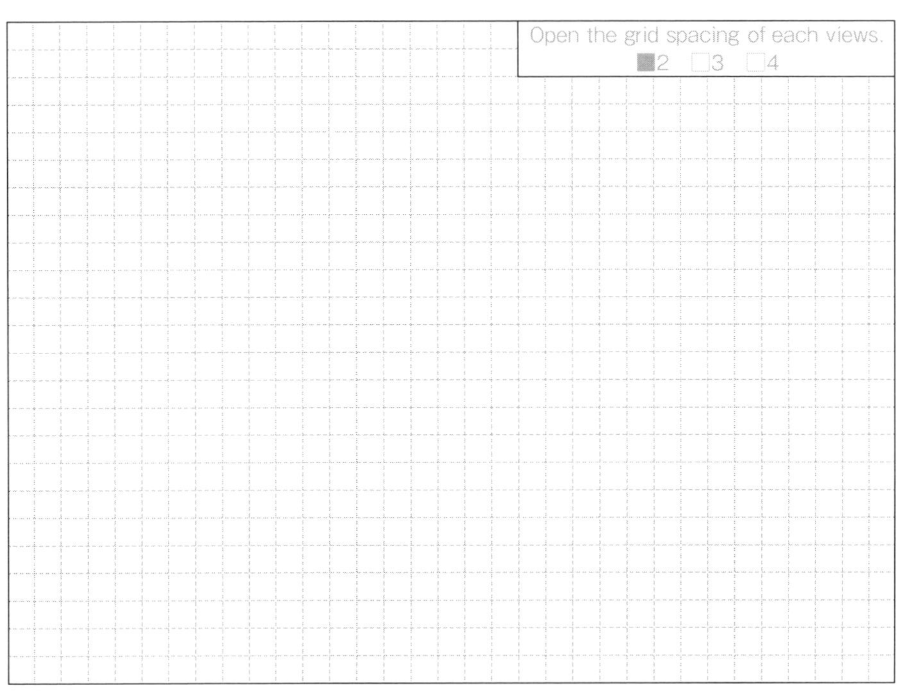

Projection	Symbol
Third angle	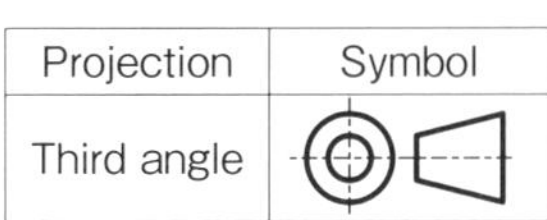

■D(￣ー￣*)コーヒーブレイク

ネッカーキューブ

例えば、ワイヤーフレーム状の立方体にまっすぐなシャフトを挿入する場合、正しくシャフトがワイヤーフレームの中を貫通しているものはどれだと思いますか？

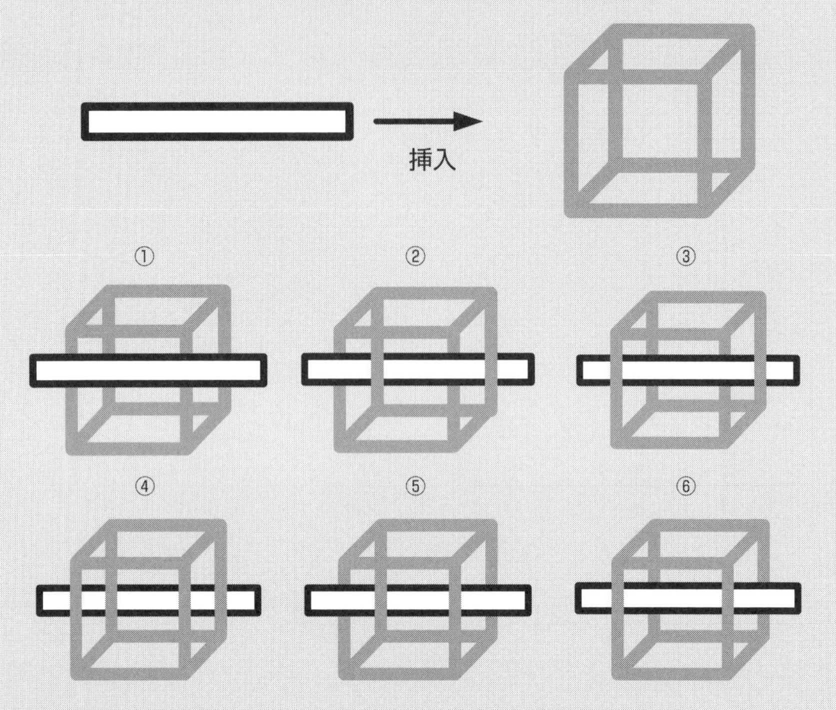

答えは②と⑥です。

ワイヤーフレーム状の立方体では、見方によって手前にある面の向きが異なって見える場合があります。つまり錯視を利用した問題で、これをネッカーキューブといいます。

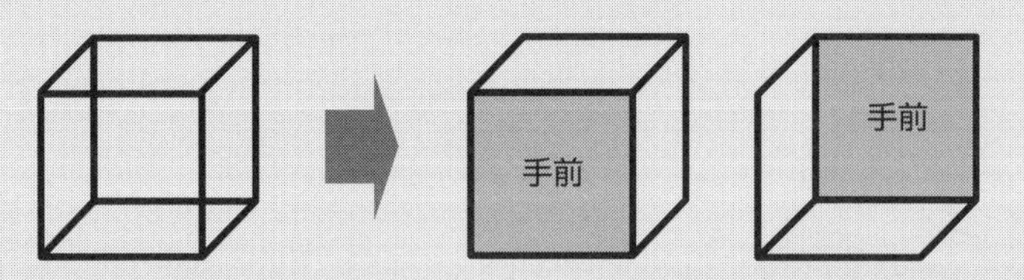

このようにネッカーキューブは、形状認識力と空間認識力の2つを同時に要求される形状ですので、視点を動かすことで自在に向きをコントロールできる脳を鍛えるにはよい練習になるでしょう。

メモ

次の立体図を第三角法に従い、6つの投影図に展開しなさい。
正面図は、アイソメ図を左側から見た面とすること。
隠れ線がある場合は、隠れ線を破線で記入すること。

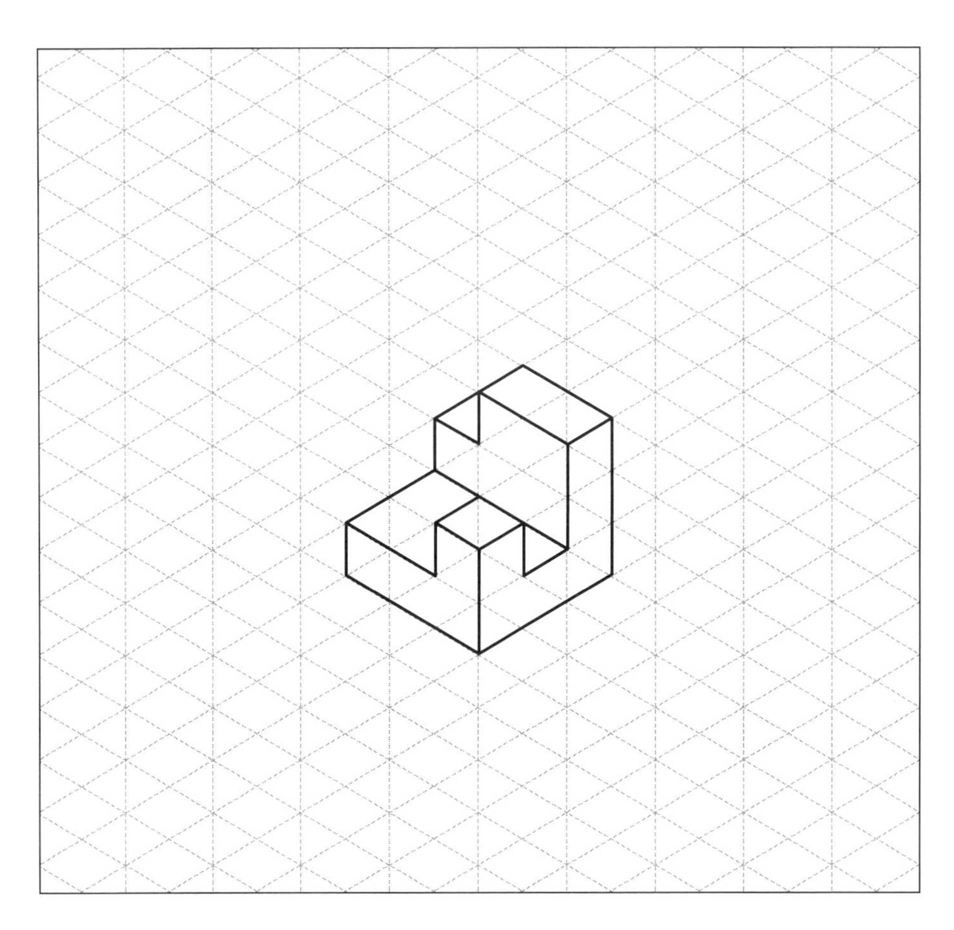

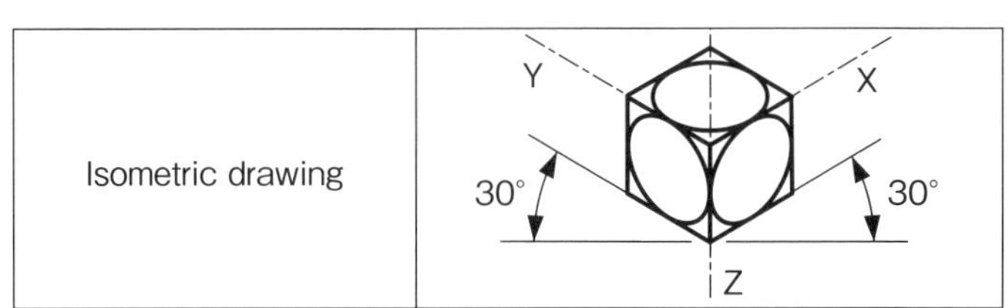

【投影図展開演習】解答記入欄　LEVEL 1-01

第三角法によって、正面図を基準として6つの投影図を記入すること。
解答記入欄からはみ出さないよう、必要なマス目を調べること。
それぞれの投影図は、指定されたマス目の間隔をあけること。

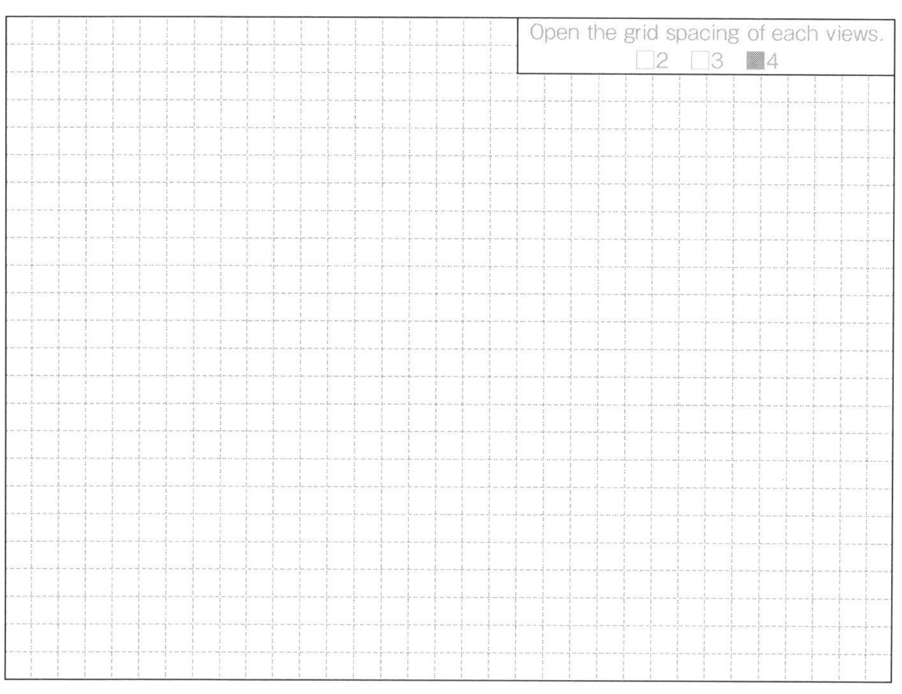

Projection	Symbol
Third angle	

次の立体図を第三角法に従い、6つの投影図に展開しなさい。
正面図は、アイソメ図を左側から見た面とすること。
隠れ線がある場合は、隠れ線を破線で記入すること。

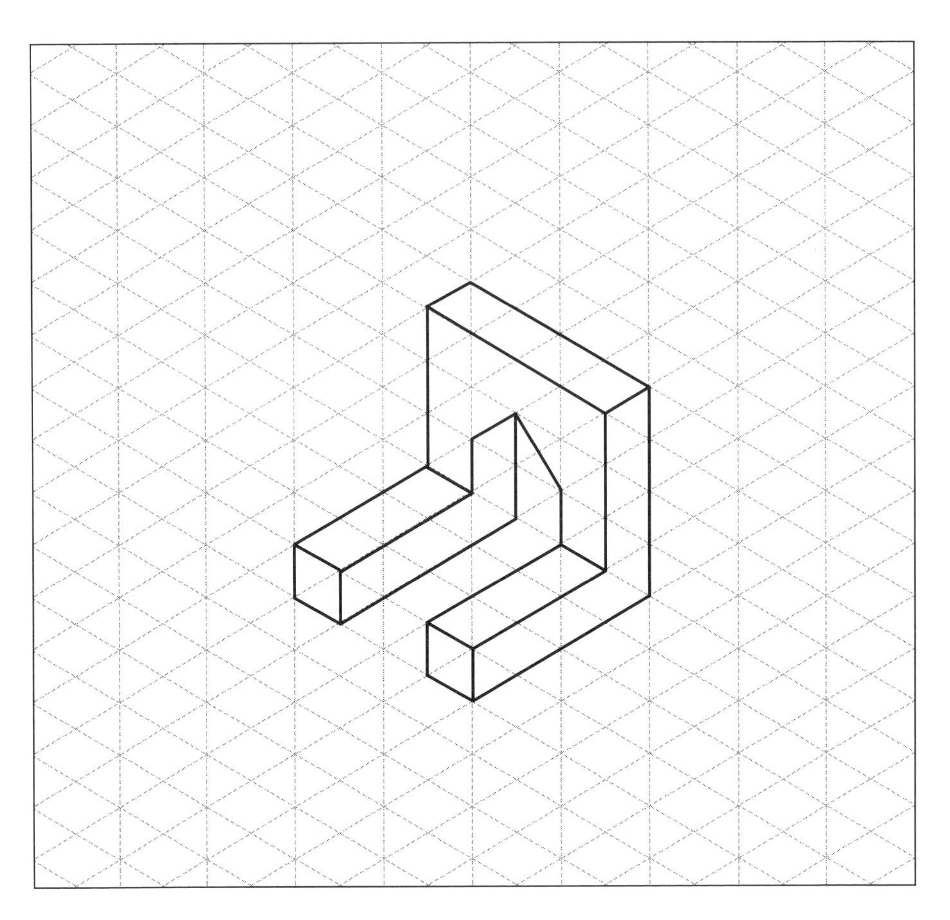

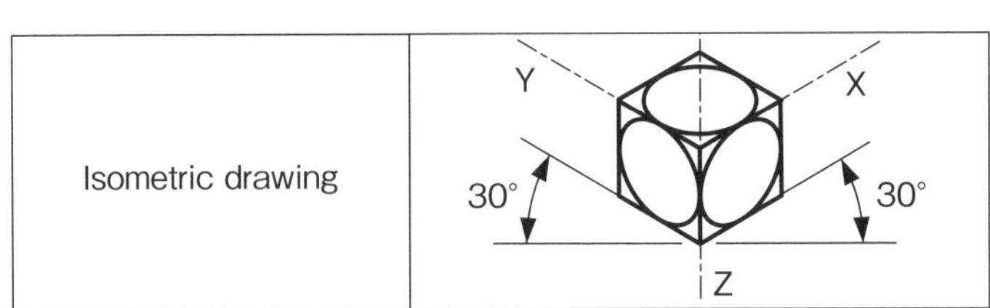

第三角法によって、正面図を基準として6つの投影図を記入すること。
解答記入欄からはみ出さないよう、必要なマス目を調べること。
それぞれの投影図は、指定されたマス目の間隔をあけること。

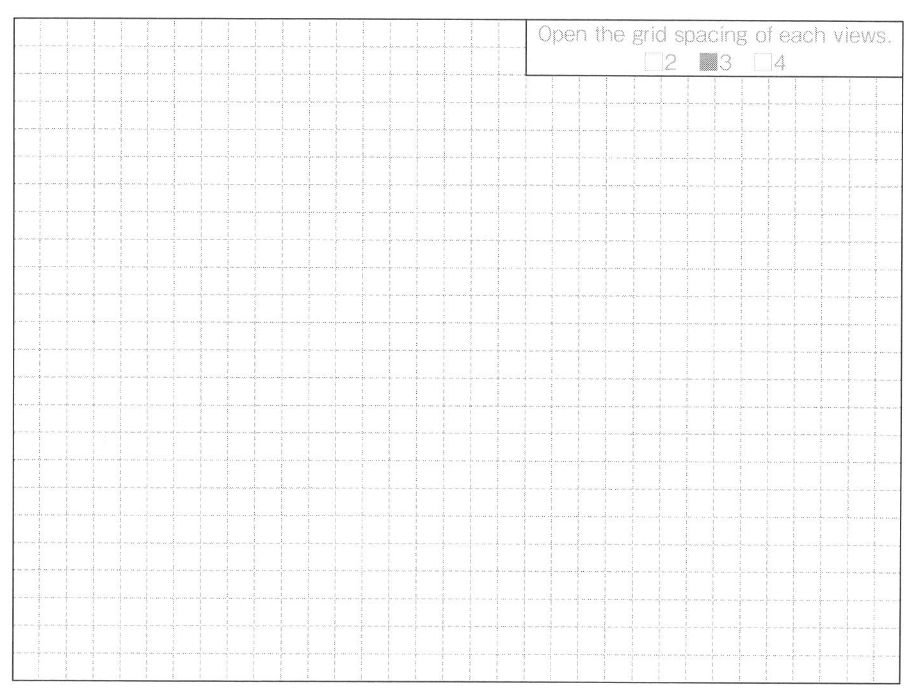

Projection	Symbol
Third angle	

次の立体図を第三角法に従い、6つの投影図に展開しなさい。
正面図は、アイソメ図を左側から見た面とすること。
隠れ線がある場合は、隠れ線を破線で記入すること。

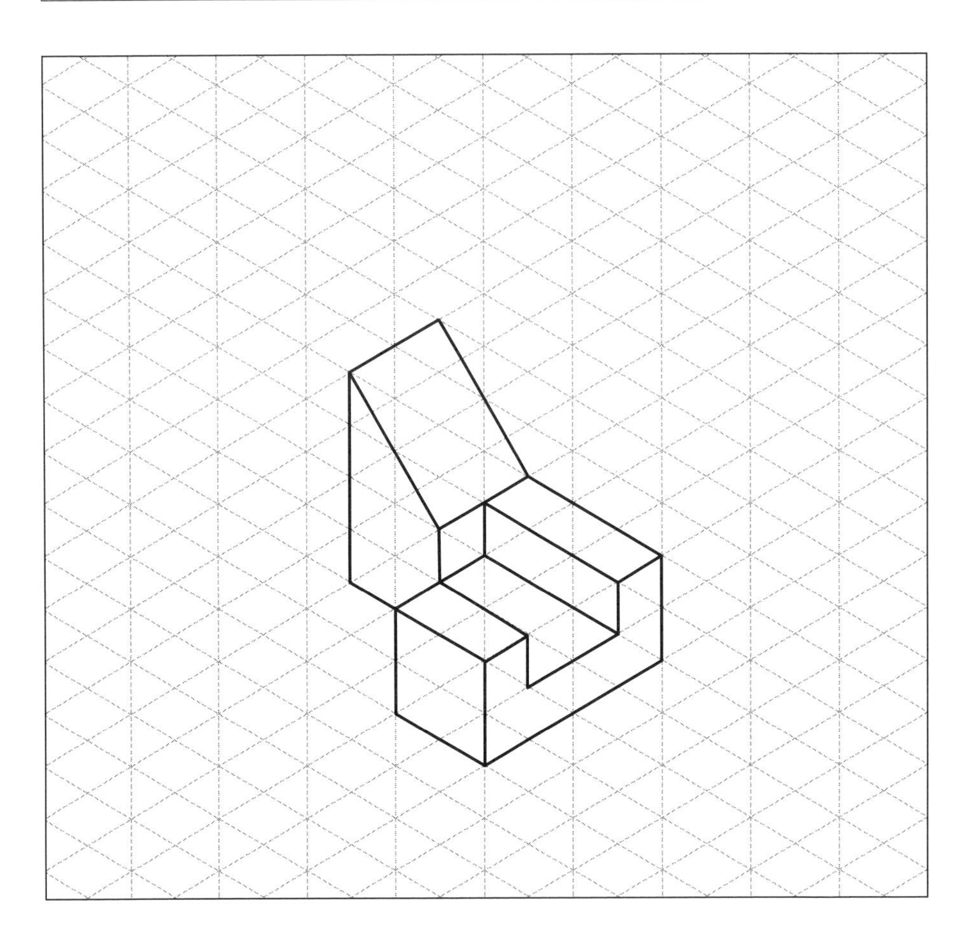

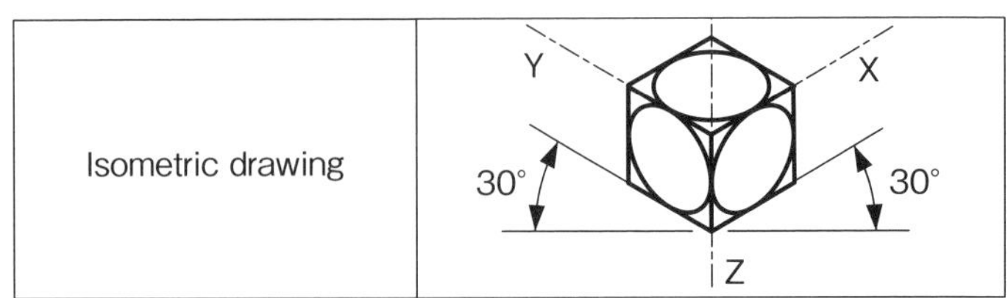

【投影図展開演習】解答記入欄

LEVEL 1-03

第三角法によって、正面図を基準として6つの投影図を記入すること。
解答記入欄からはみ出さないよう、必要なマス目を調べること。
それぞれの投影図は、指定されたマス目の間隔をあけること。

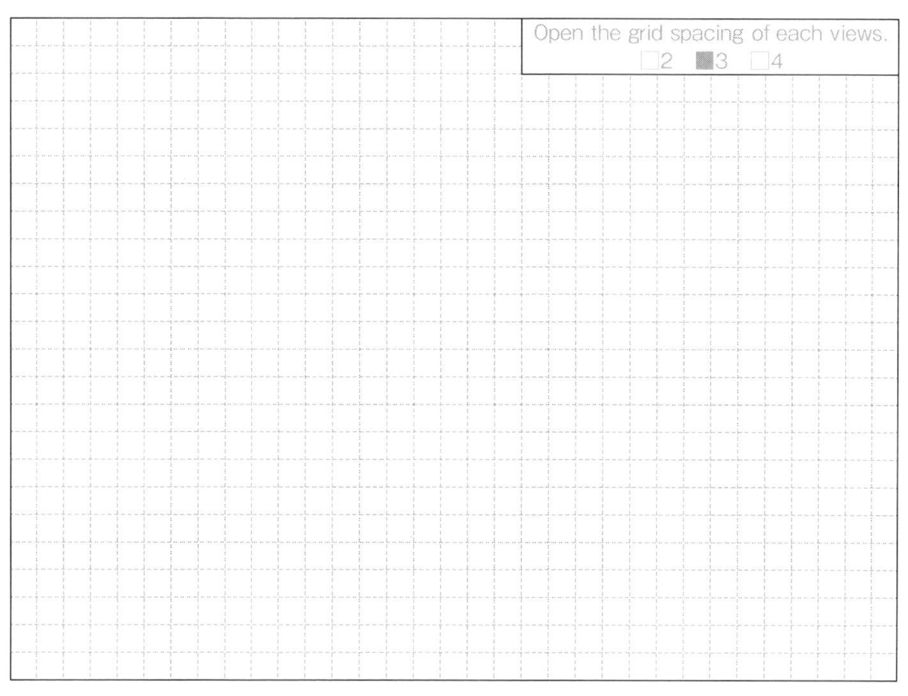

Projection	Symbol
Third angle	

次の立体図を第三角法に従い、6つの投影図に展開しなさい。
正面図は、アイソメ図を左側から見た面とすること。
隠れ線がある場合は、隠れ線を破線で記入すること。

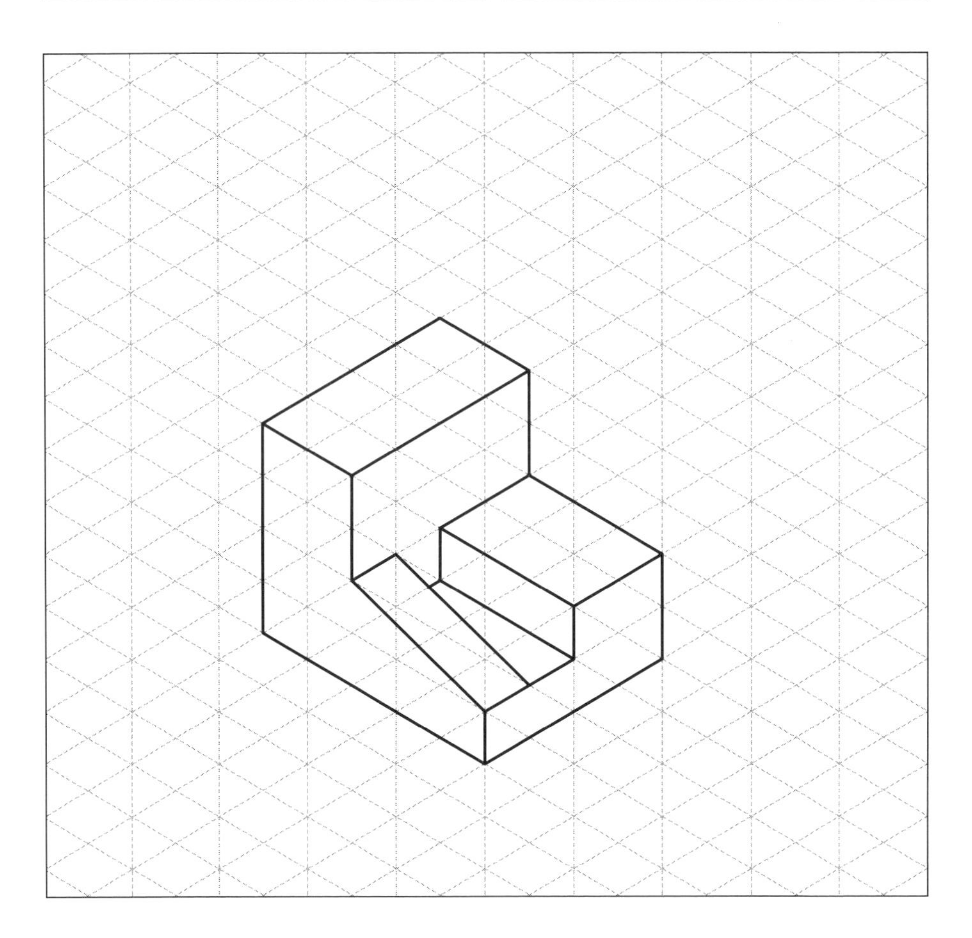

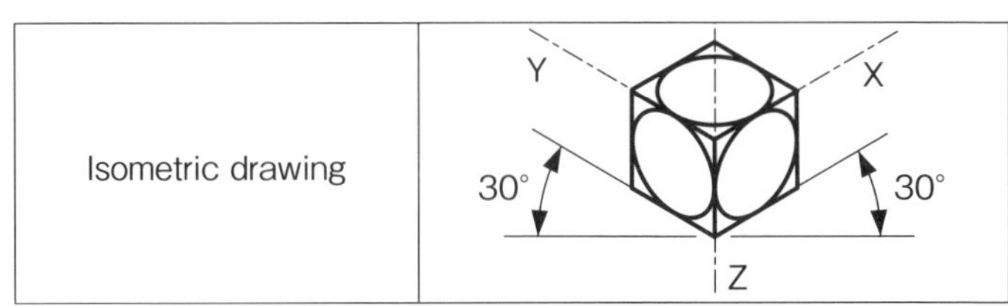

【投影図展開演習】解答記入欄　LEVEL 1-04

第三角法によって、正面図を基準として6つの投影図を記入すること。
解答記入欄からはみ出さないよう、必要なマス目を調べること。
それぞれの投影図は、指定されたマス目の間隔をあけること。

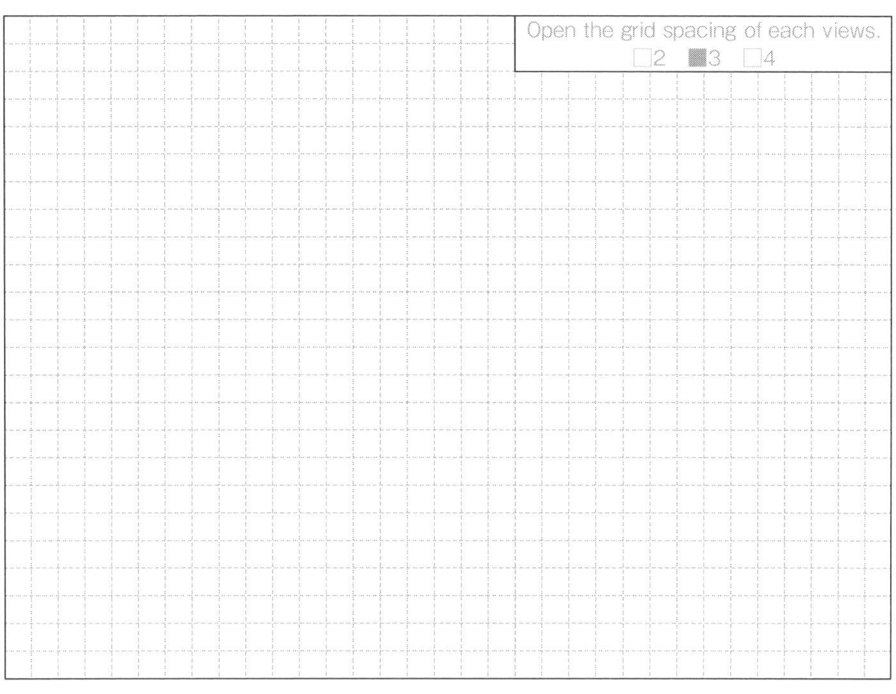

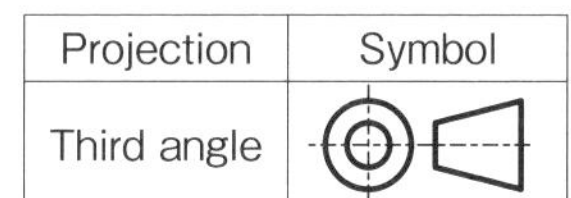

次の立体図を第三角法に従い、6つの投影図に展開しなさい。
正面図は、アイソメ図を左側から見た面とすること。
隠れ線がある場合は、隠れ線を破線で記入すること。

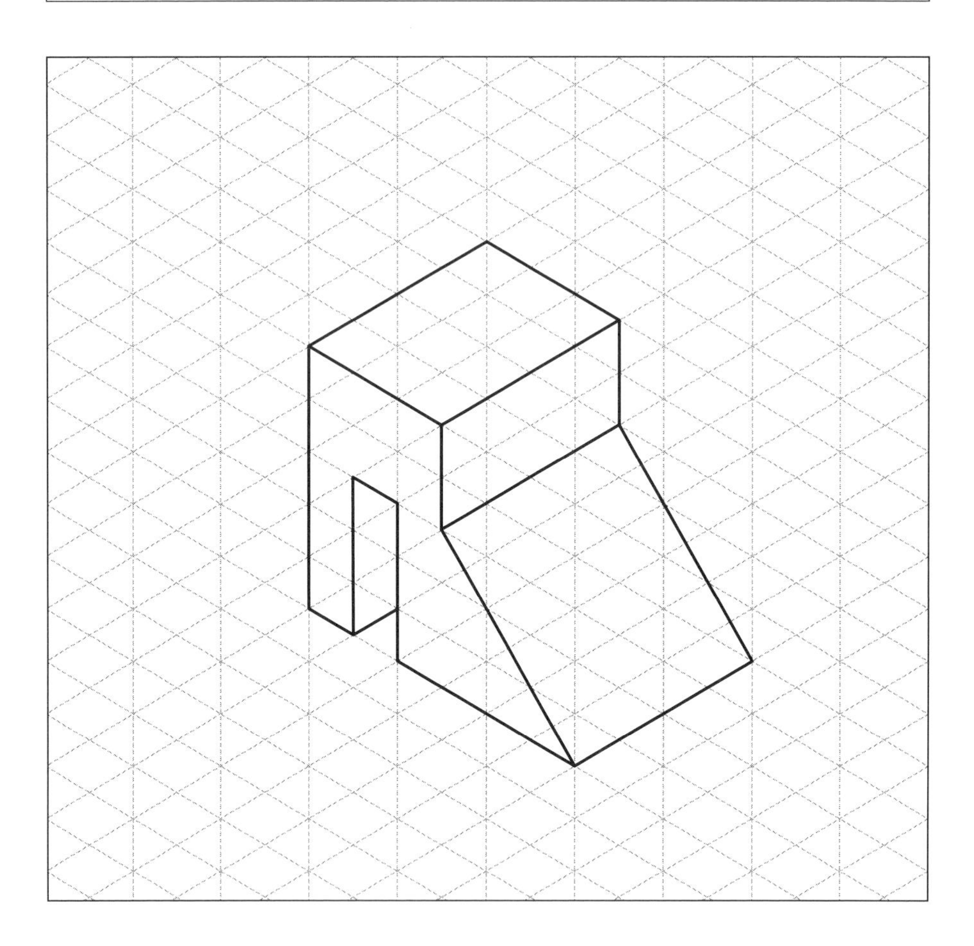

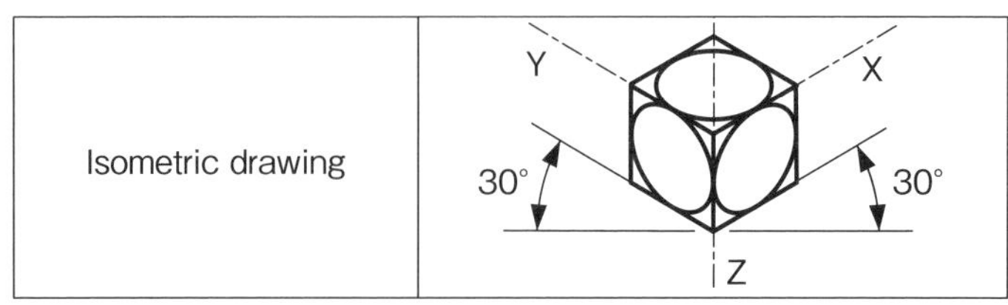

【投影図展開演習】解答記入欄　LEVEL 1-05

第三角法によって、正面図を基準として6つの投影図を記入すること。
解答記入欄からはみ出さないよう、必要なマス目を調べること。
それぞれの投影図は、指定されたマス目の間隔をあけること。

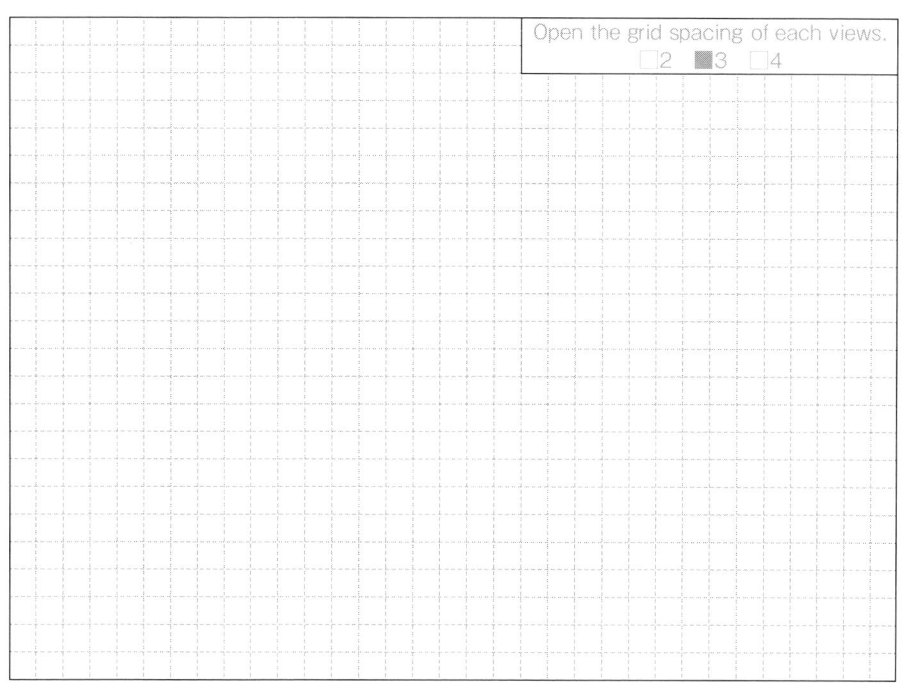

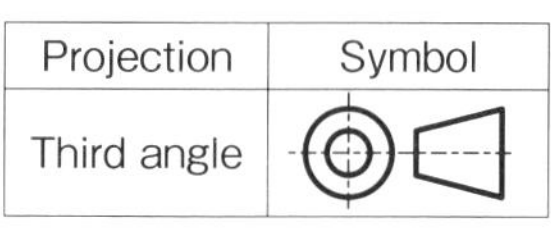

Projection	Symbol
Third angle	

次の立体図を第三角法に従い、6つの投影図に展開しなさい。
正面図は、アイソメ図を左側から見た面とすること。
隠れ線がある場合は、隠れ線を破線で記入すること。

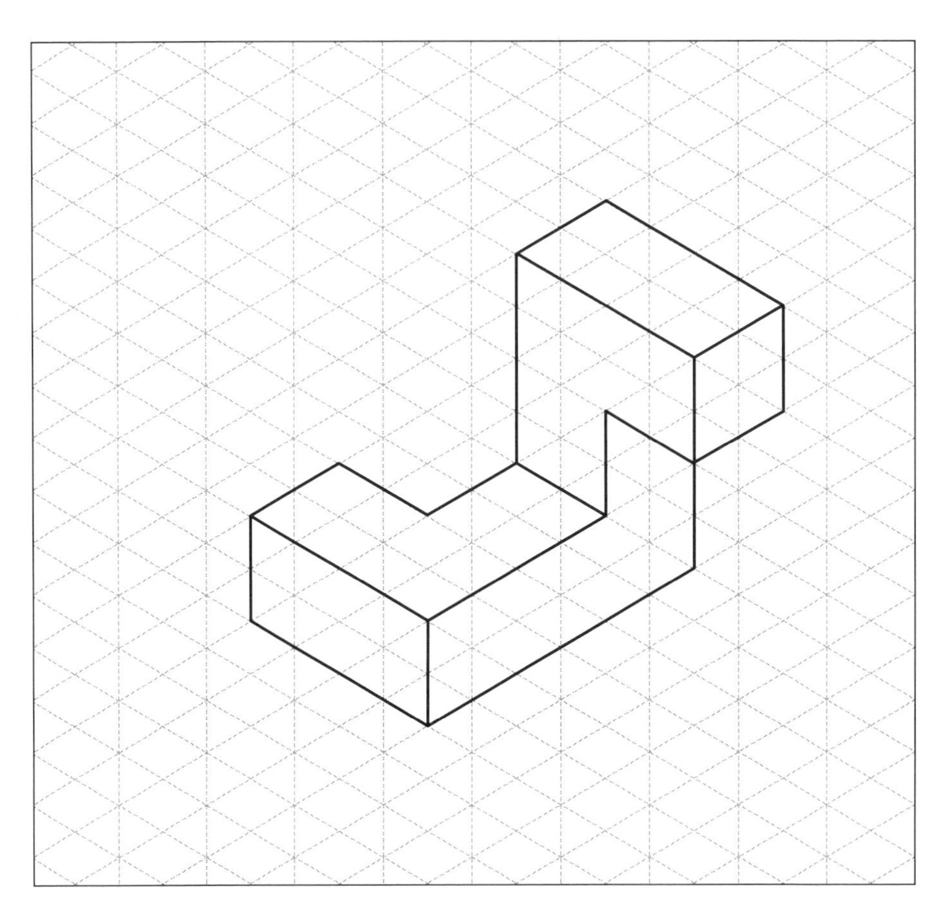

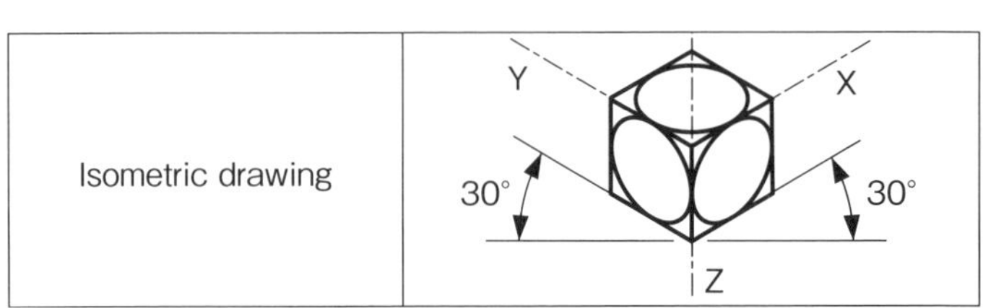

第三角法によって、正面図を基準として6つの投影図を記入すること。
解答記入欄からはみ出さないよう、必要なマス目を調べること。
それぞれの投影図は、指定されたマス目の間隔をあけること。

Projection	Symbol
Third angle	

次の立体図を第三角法に従い、6つの投影図に展開しなさい。
正面図は、アイソメ図を左側から見た面とすること。
隠れ線がある場合は、隠れ線を破線で記入すること。

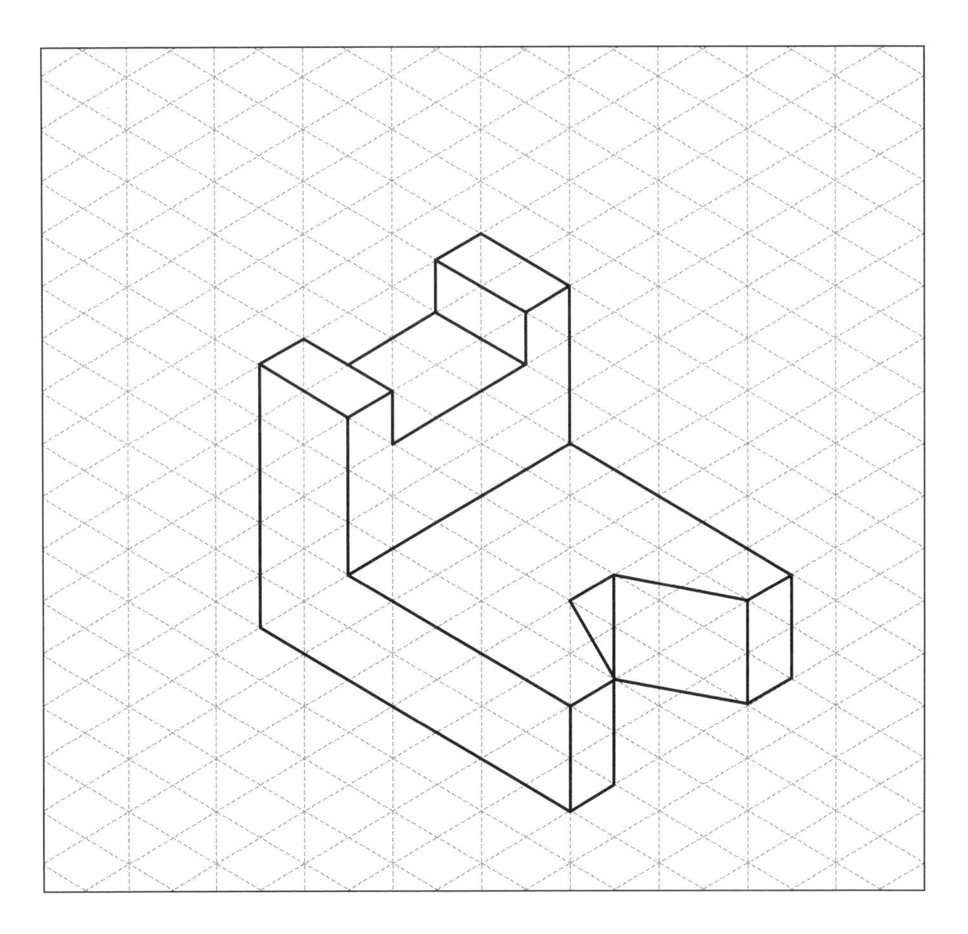

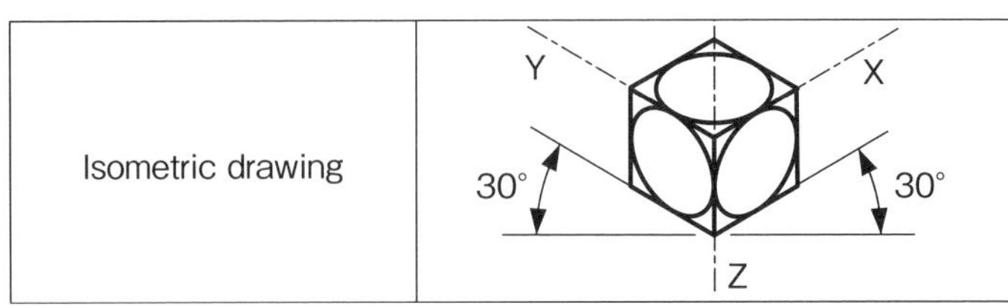

【投影図展開演習】解答記入欄　LEVEL 1-07

第三角法によって、正面図を基準として6つの投影図を記入すること。
解答記入欄からはみ出さないよう、必要なマス目を調べること。
それぞれの投影図は、指定されたマス目の間隔をあけること。

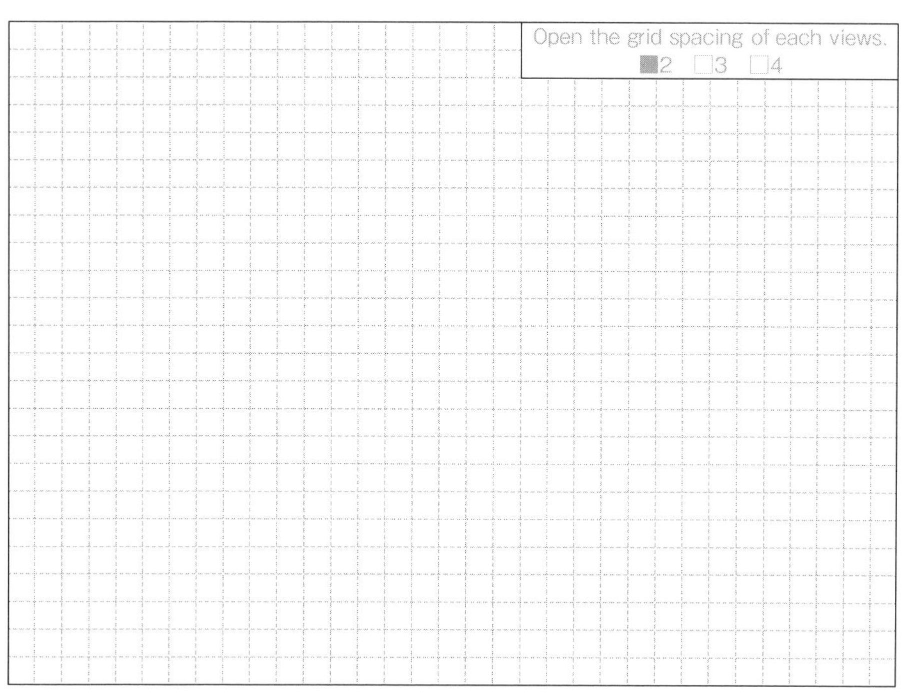

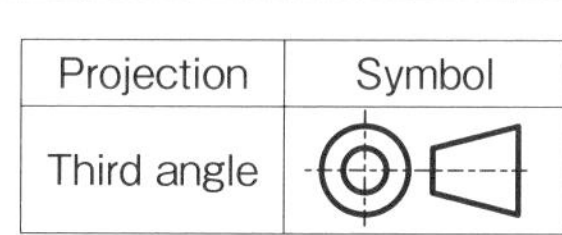

次の立体図を第三角法に従い、6つの投影図に展開しなさい。
正面図は、アイソメ図を左側から見た面とすること。
隠れ線がある場合は、隠れ線を破線で記入すること。

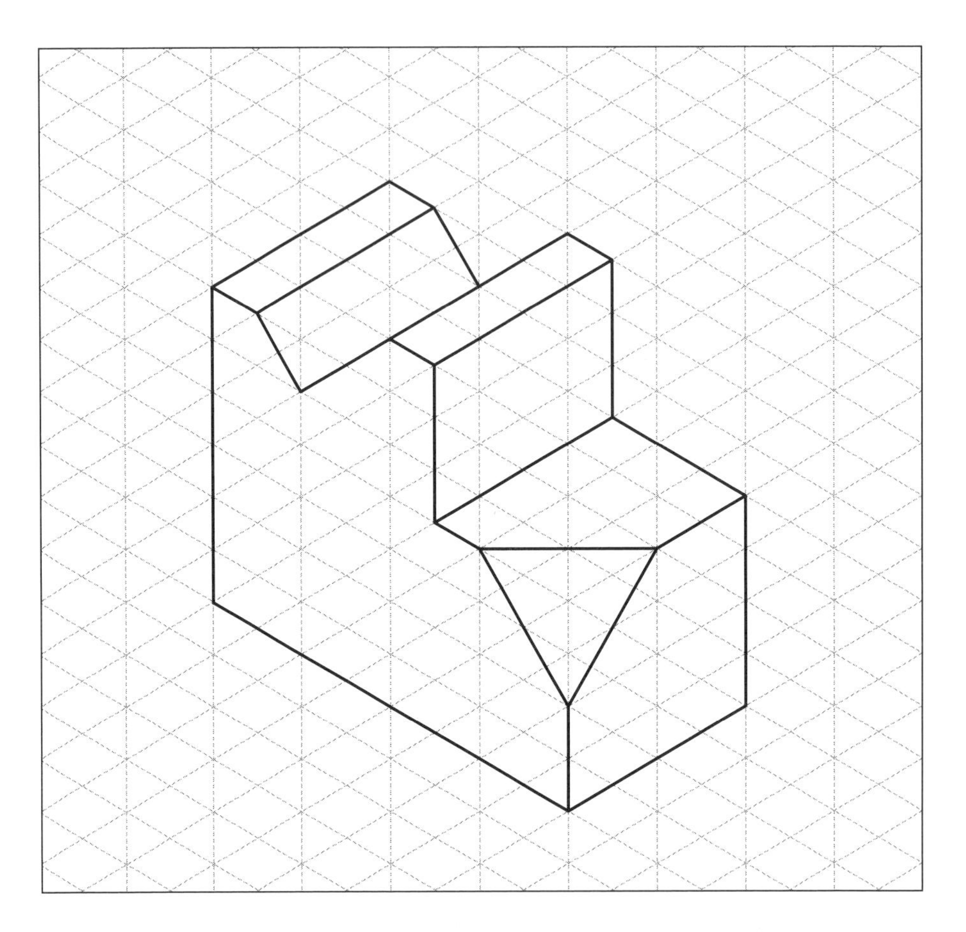

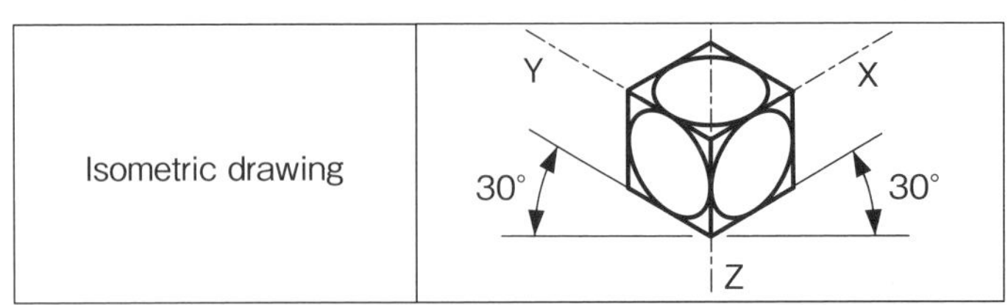

【投影図展開演習】解答記入欄

LEVEL 1-08

第三角法によって、正面図を基準として6つの投影図を記入すること。
解答記入欄からはみ出さないよう、必要なマス目を調べること。
それぞれの投影図は、指定されたマス目の間隔をあけること。

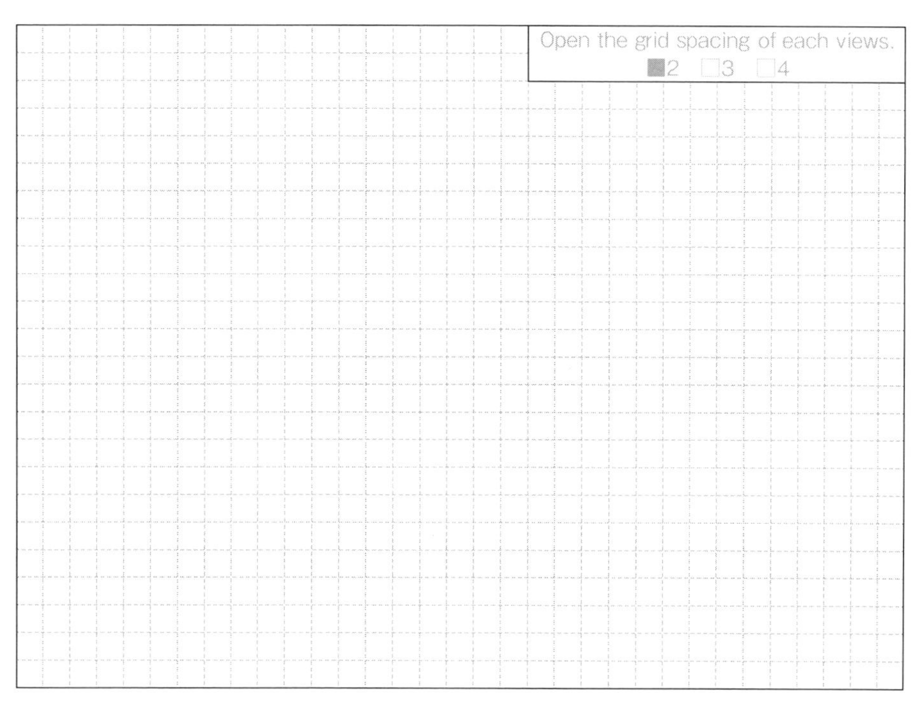

Projection	Symbol
Third angle	

次の立体図を第三角法に従い、6つの投影図に展開しなさい。
正面図は、アイソメ図を左側から見た面とすること。
隠れ線がある場合は、隠れ線を破線で記入すること。

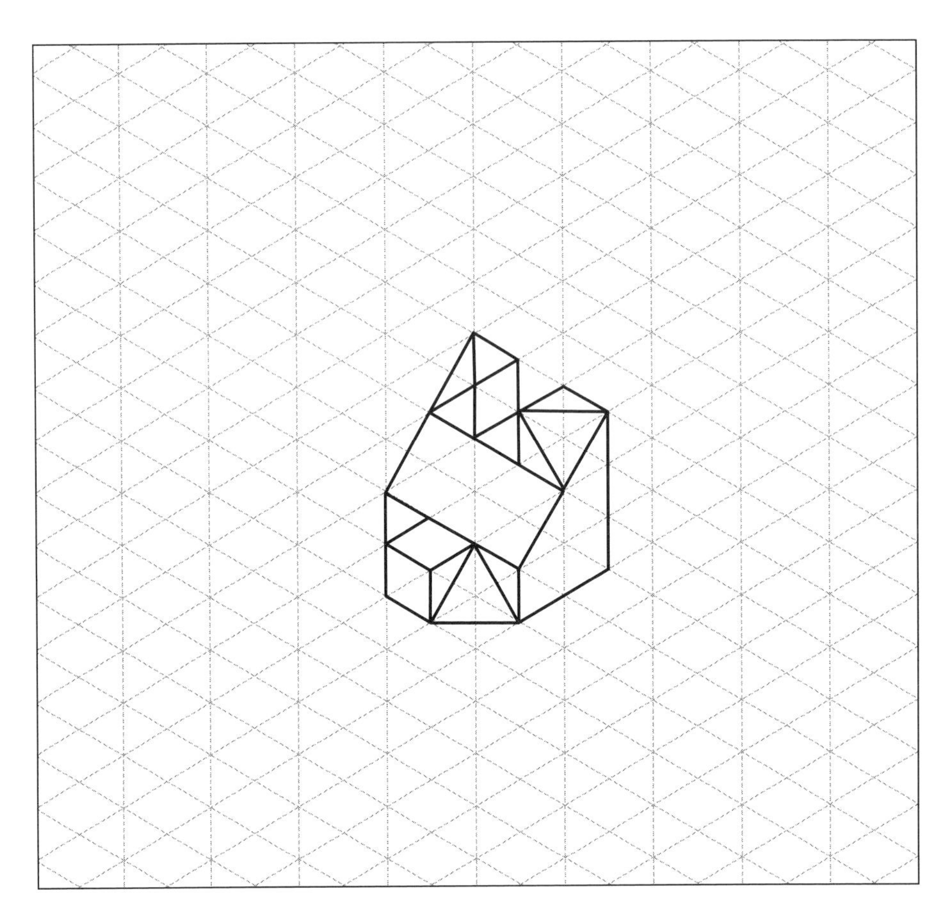

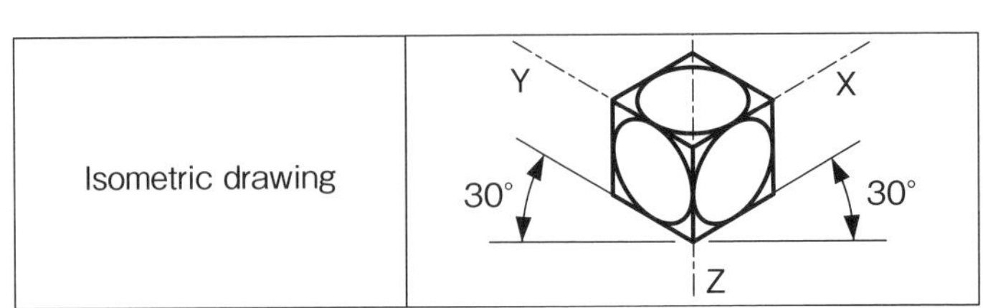

【投影図展開演習】解答記入欄

LEVEL 2-01

第三角法によって、正面図を基準として6つの投影図を記入すること。
解答記入欄からはみ出さないよう、必要なマス目を調べること。
それぞれの投影図は、指定されたマス目の間隔をあけること。

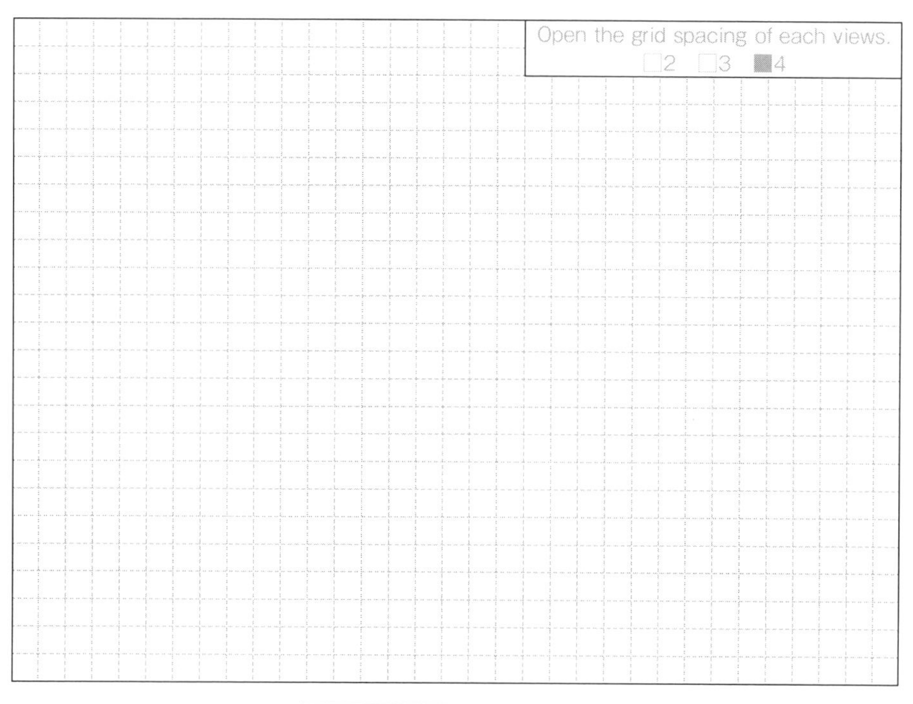

Projection	Symbol
Third angle	

次の立体図を第三角法に従い、6つの投影図に展開しなさい。
正面図は、アイソメ図を左側から見た面とすること。
隠れ線がある場合は、隠れ線を破線で記入すること。

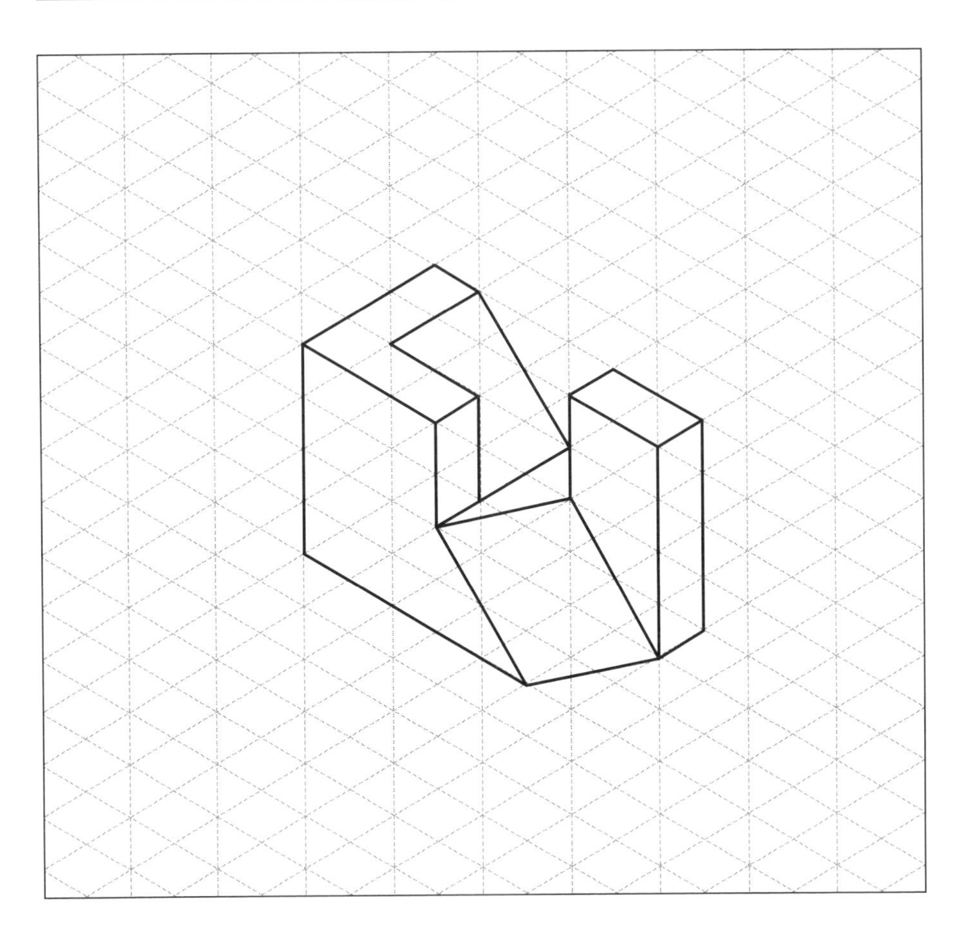

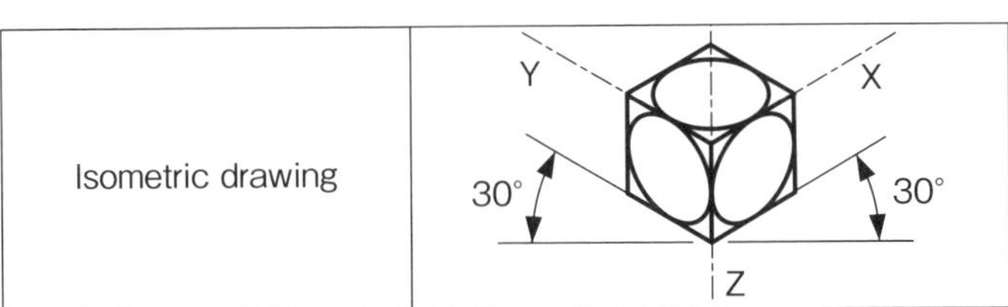

【投影図展開演習】解答記入欄　LEVEL 2-02

第三角法によって、正面図を基準として6つの投影図を記入すること。
解答記入欄からはみ出さないよう、必要なマス目を調べること。
それぞれの投影図は、指定されたマス目の間隔をあけること。

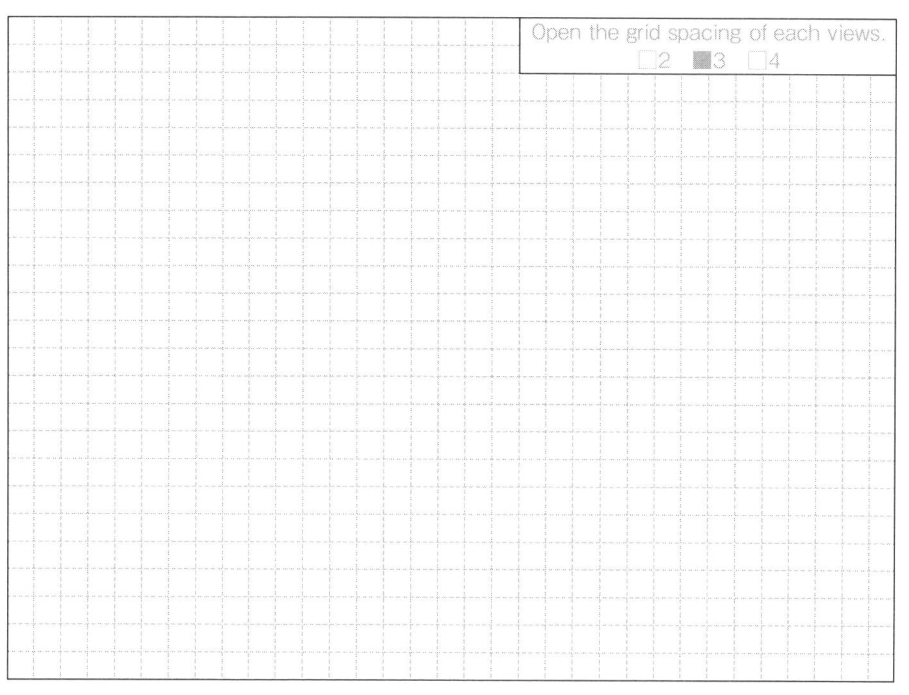

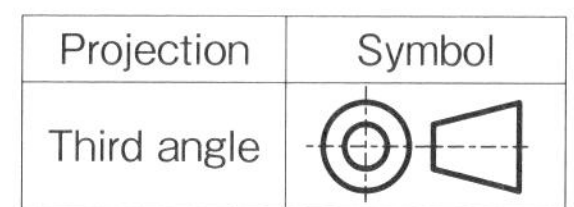

Projection	Symbol
Third angle	

【投影図展開演習】 LEVEL 2-03

次の立体図を第三角法に従い、6つの投影図に展開しなさい。
正面図は、アイソメ図を左側から見た面とすること。
隠れ線がある場合は、隠れ線を破線で記入すること。

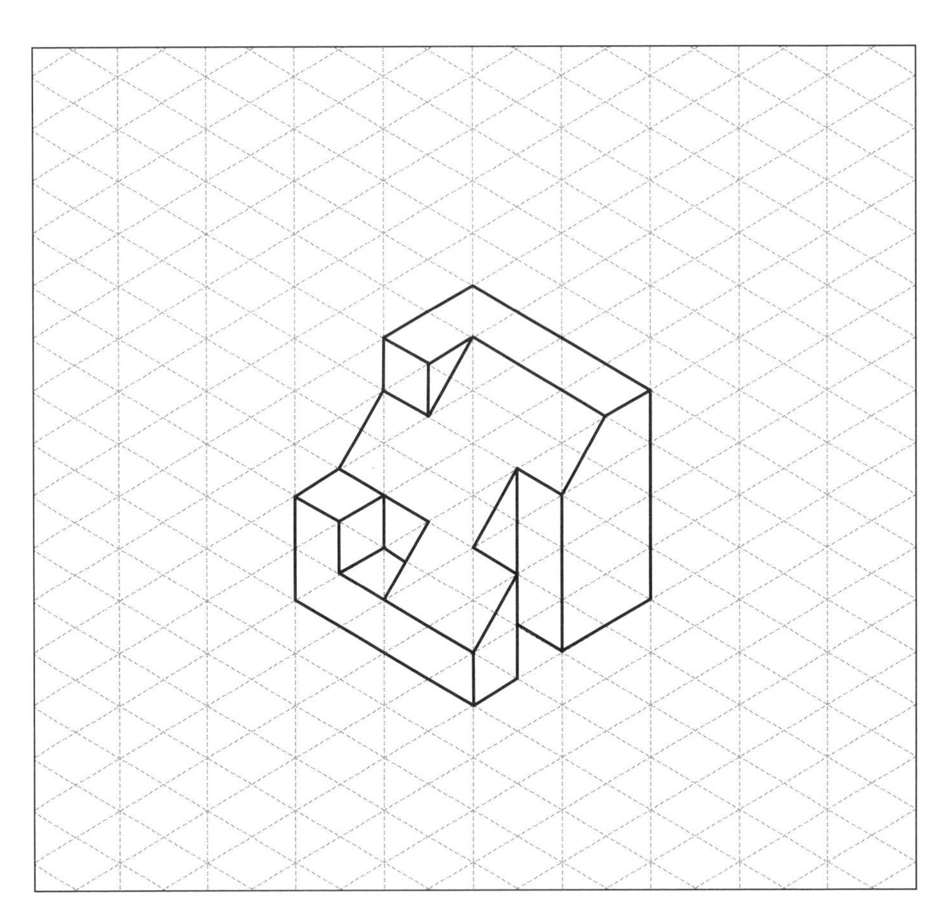

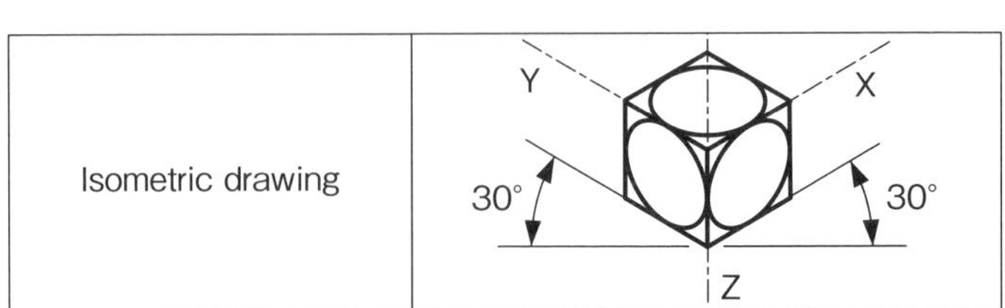

【投影図展開演習】解答記入欄 LEVEL 2-03

第三角法によって、正面図を基準として6つの投影図を記入すること。
解答記入欄からはみ出さないよう、必要なマス目を調べること。
それぞれの投影図は、指定されたマス目の間隔をあけること。

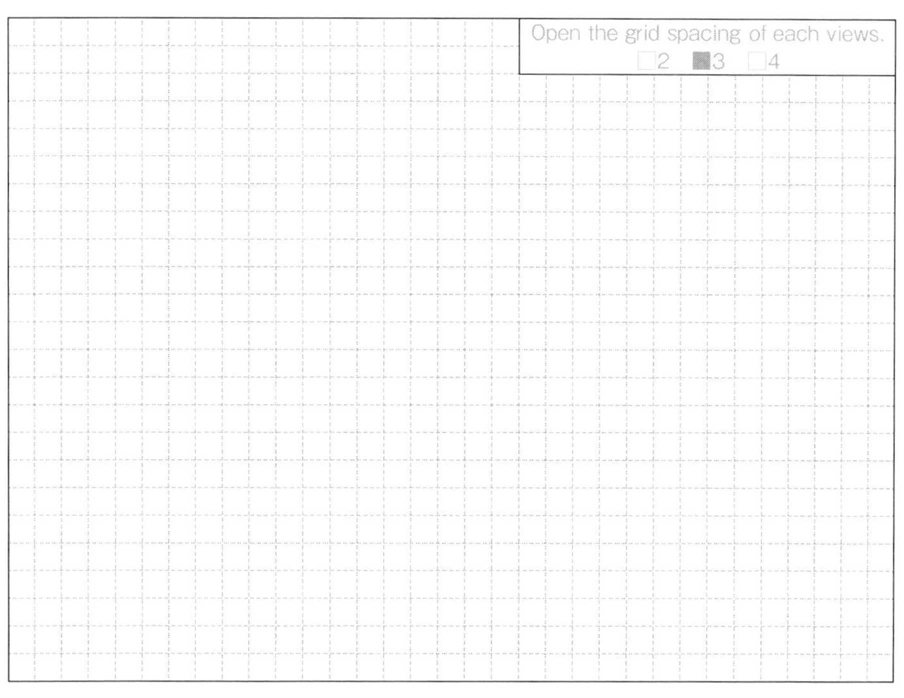

Projection	Symbol
Third angle	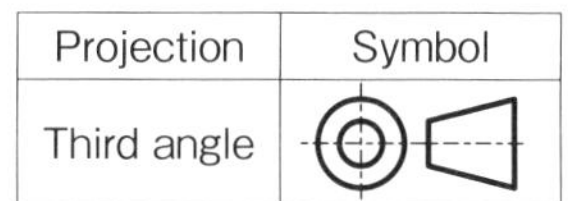

次の立体図を第三角法に従い、6つの投影図に展開しなさい。
正面図は、アイソメ図を左側から見た面とすること。
隠れ線がある場合は、隠れ線を破線で記入すること。

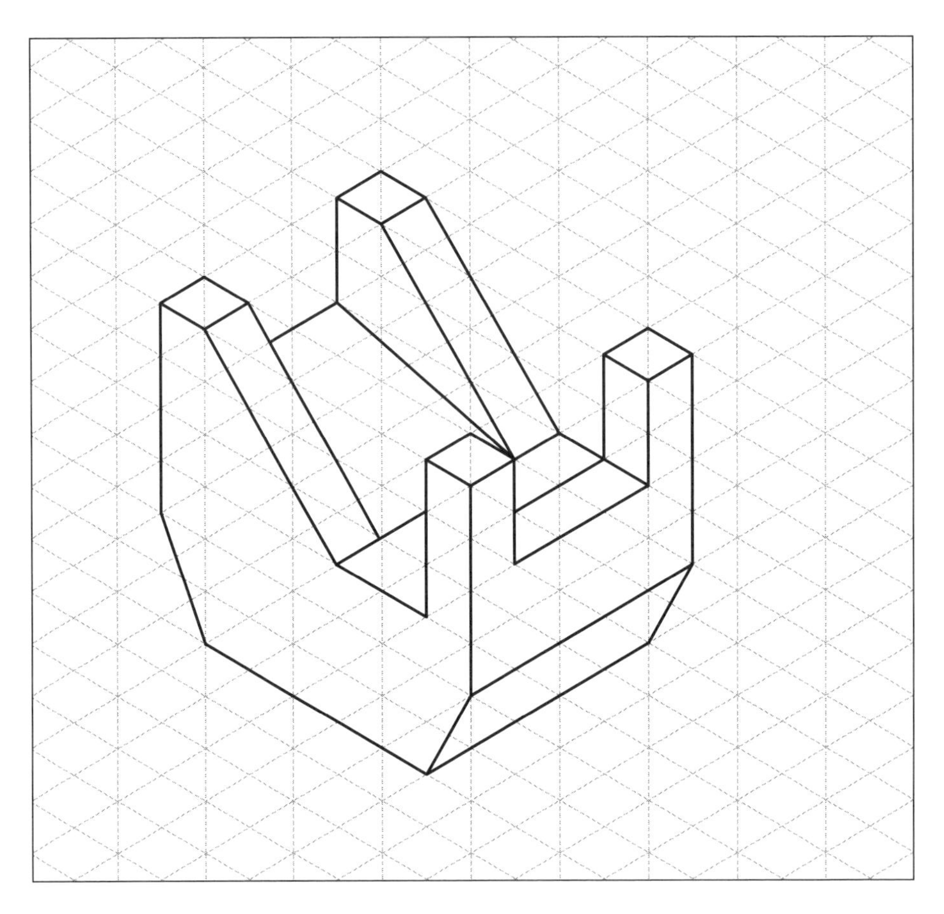

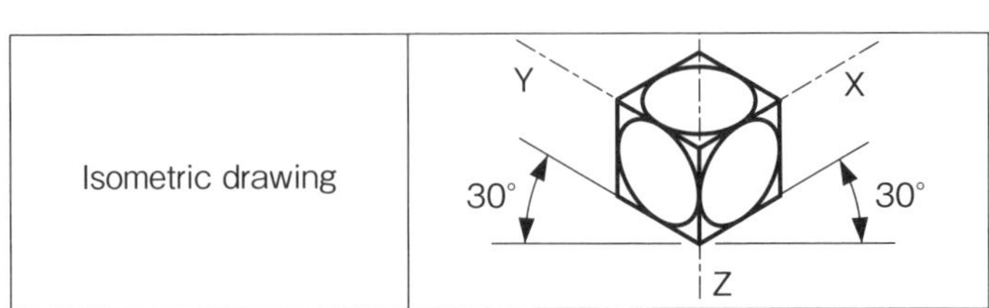

第三角法によって、正面図を基準として6つの投影図を記入すること。
解答記入欄からはみ出さないよう、必要なマス目を調べること。
それぞれの投影図は、指定されたマス目の間隔をあけること。

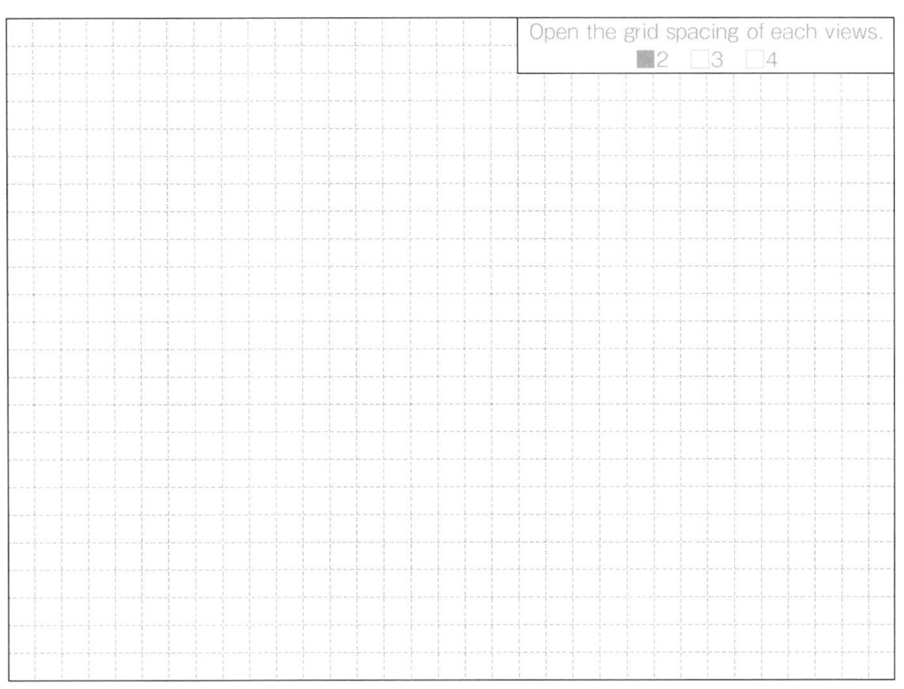

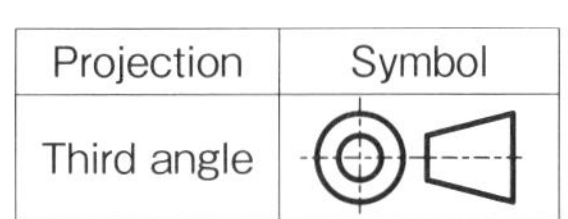

Projection	Symbol
Third angle	

次の立体図を第三角法に従い、6つの投影図に展開しなさい。
正面図は、アイソメ図を左側から見た面とすること。
隠れ線がある場合は、隠れ線を破線で記入すること。

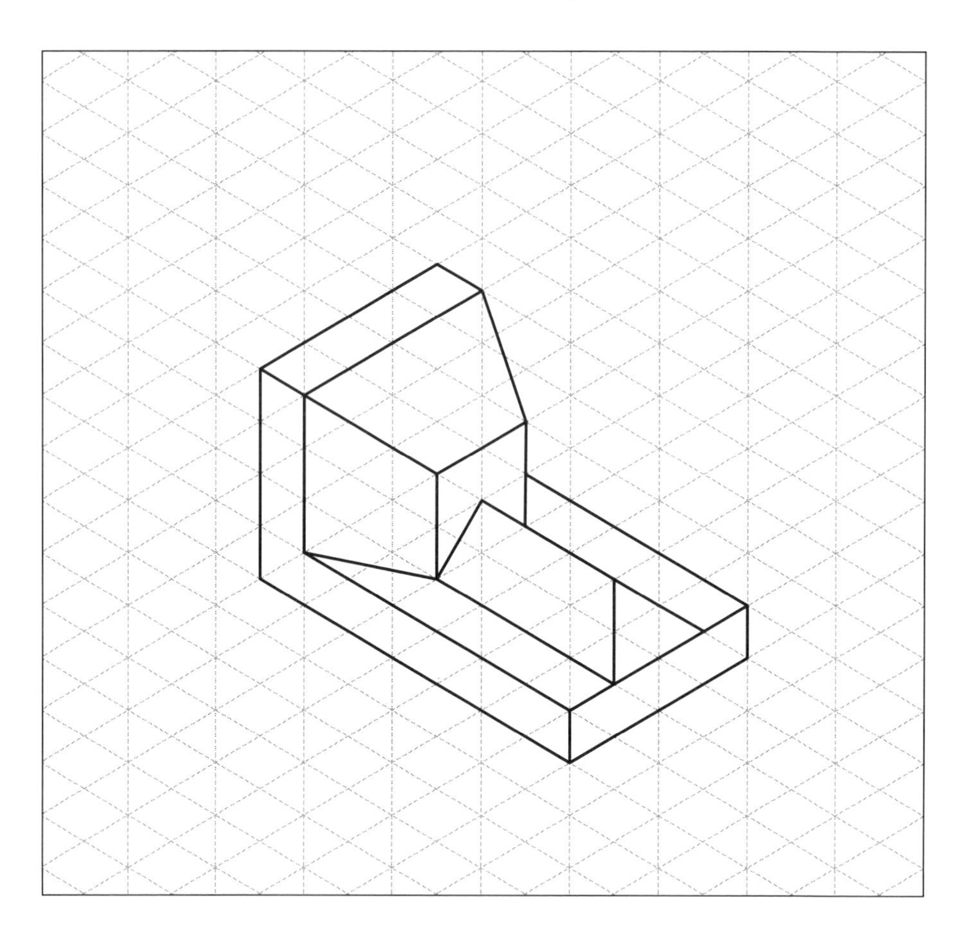

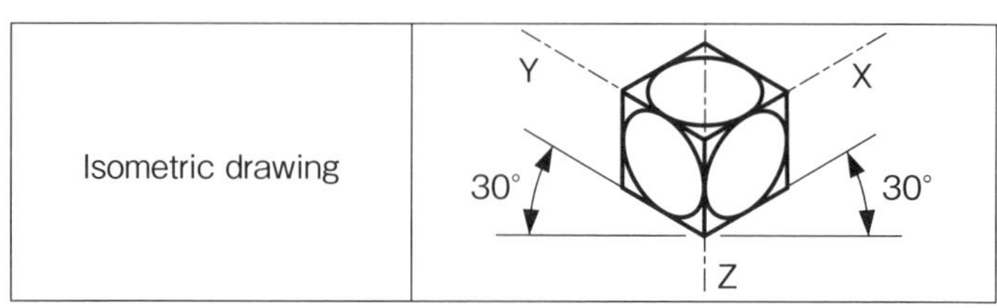

【投影図展開演習】解答記入欄　LEVEL 2-05

第三角法によって、正面図を基準として6つの投影図を記入すること。
解答記入欄からはみ出さないよう、必要なマス目を調べること。
それぞれの投影図は、指定されたマス目の間隔をあけること。

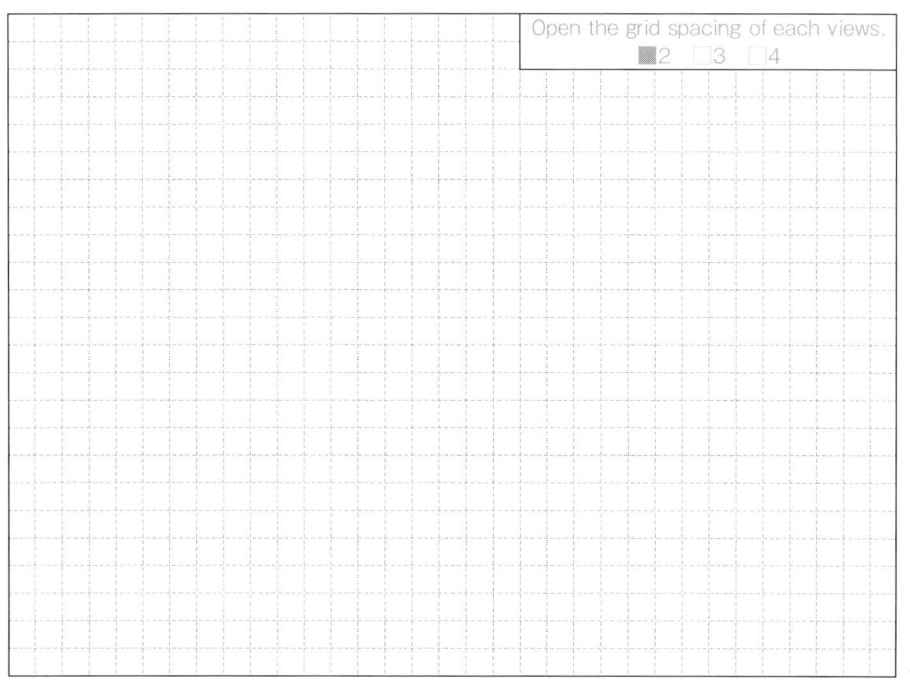

Projection	Symbol
Third angle	

次の立体図を第三角法に従い、6つの投影図に展開しなさい。
正面図は、アイソメ図を左側から見た面とすること。
隠れ線がある場合は、隠れ線を破線で記入すること。

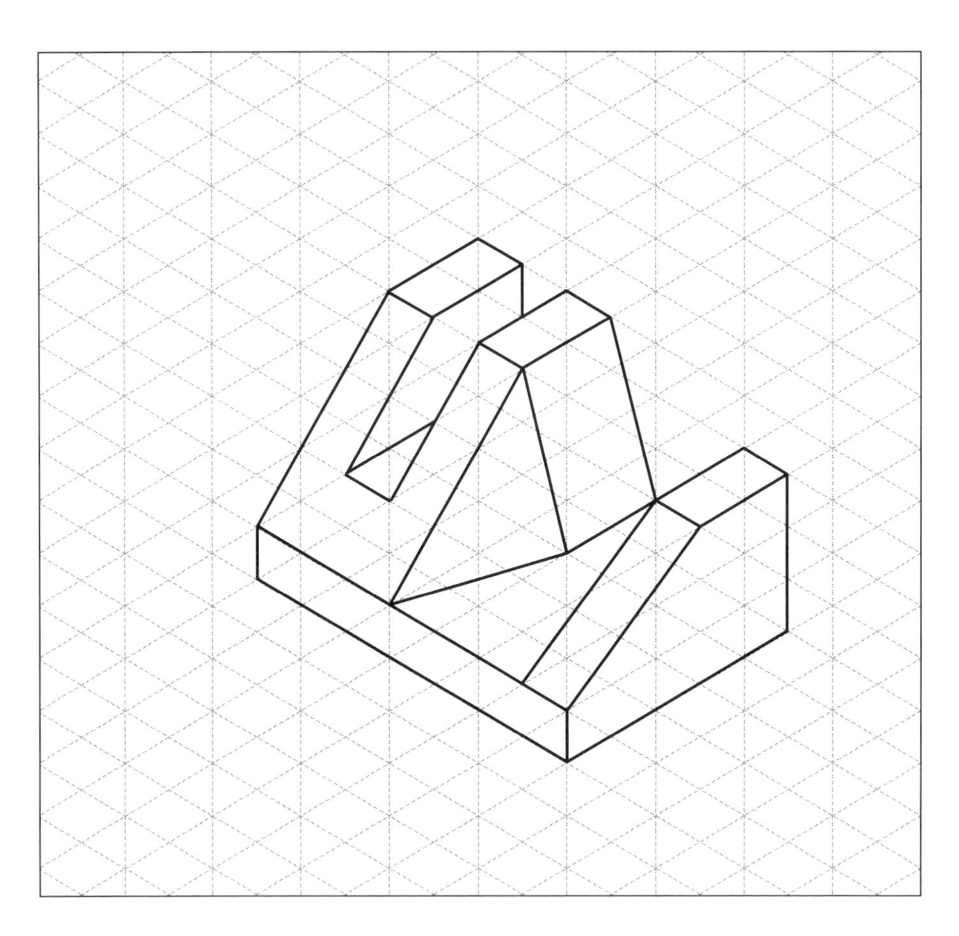

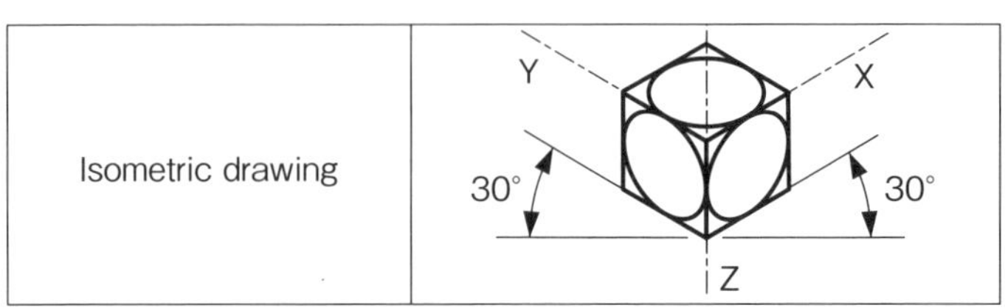

【投影図展開演習】解答記入欄　LEVEL 2-06

第三角法によって、正面図を基準として6つの投影図を記入すること。
解答記入欄からはみ出さないよう、必要なマス目を調べること。
それぞれの投影図は、指定されたマス目の間隔をあけること。

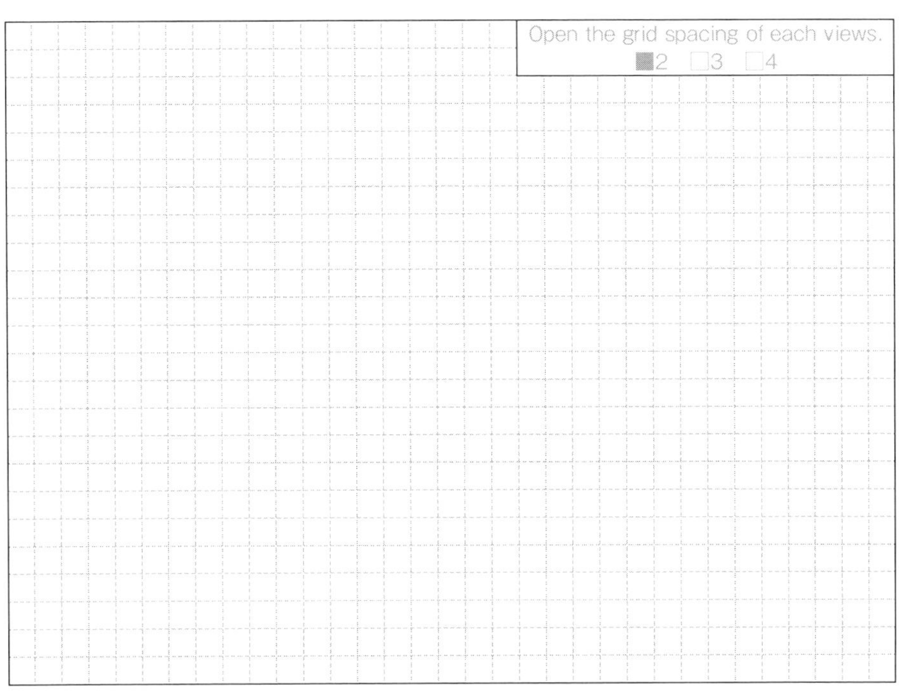

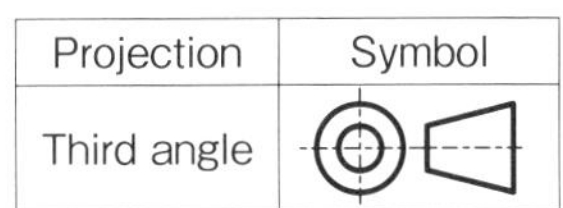

解答例

LEVEL 0-01

解答例

LEVEL 0-02

解答例

LEVEL 0-03

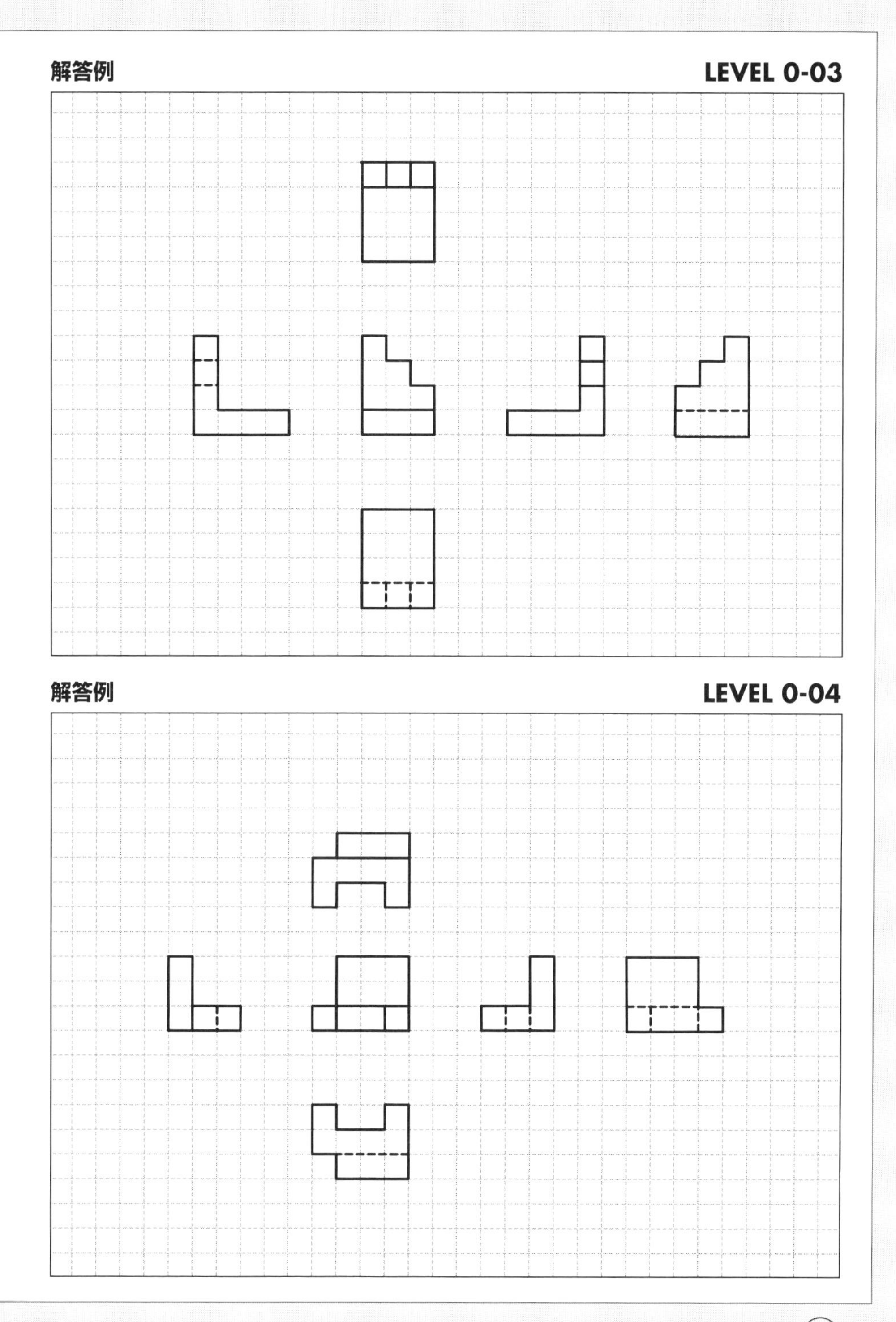

解答例

LEVEL 0-04

解答例

LEVEL 0-05

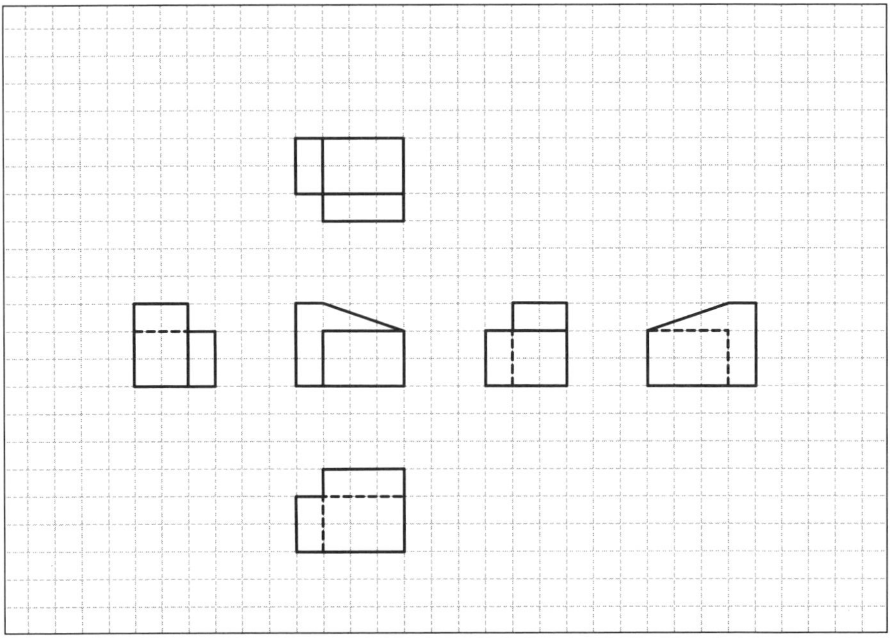

解答例

LEVEL 0-06

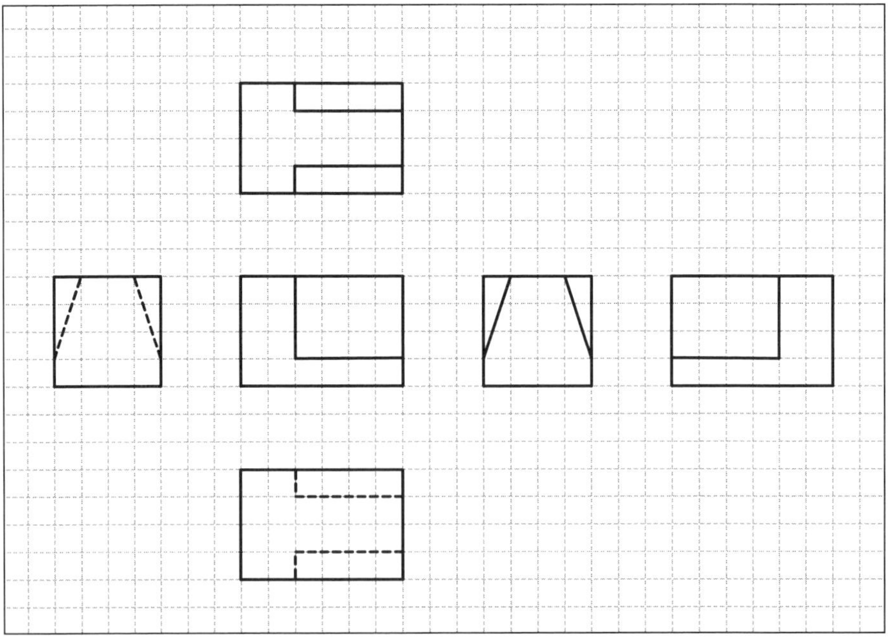

解答例 **LEVEL 0-07**

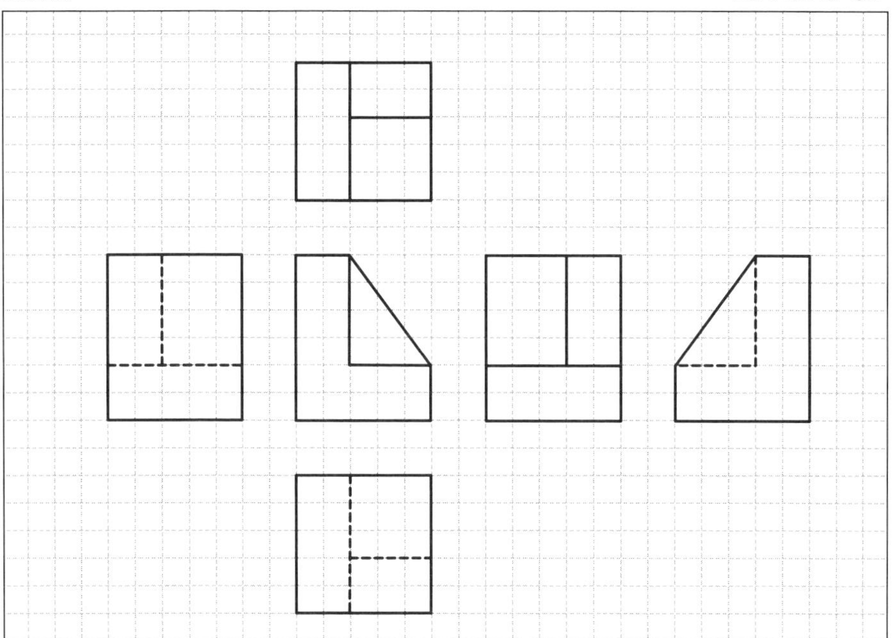

解答例 **LEVEL 0-08**

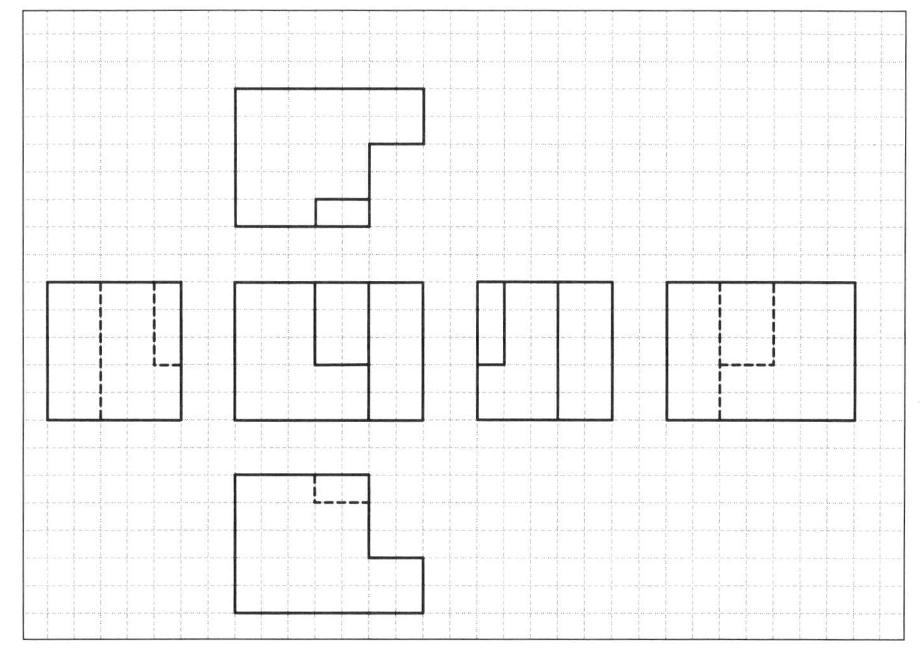

解答例

LEVEL 1-01

解答例

LEVEL 1-02

解答例

LEVEL 1-03

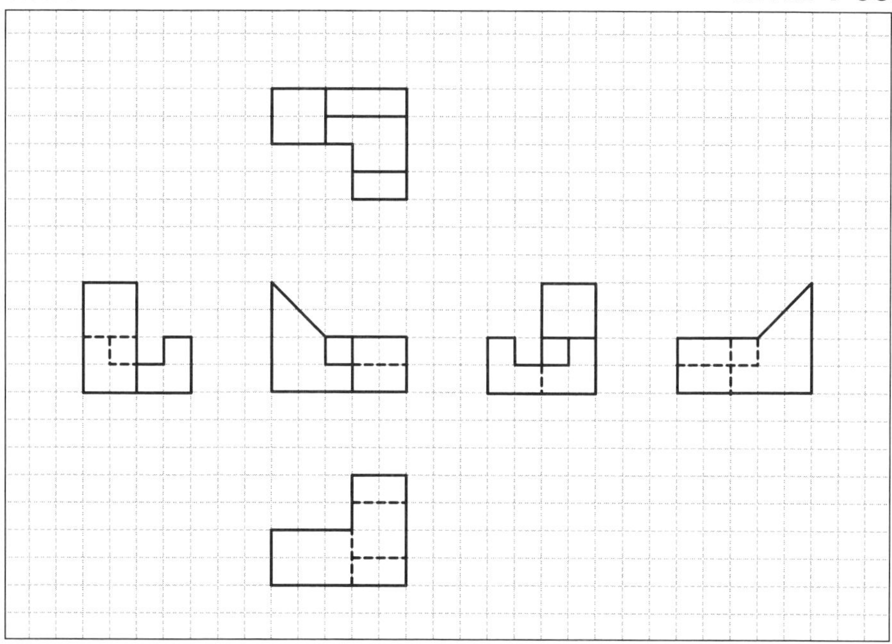

解答例

LEVEL 1-04

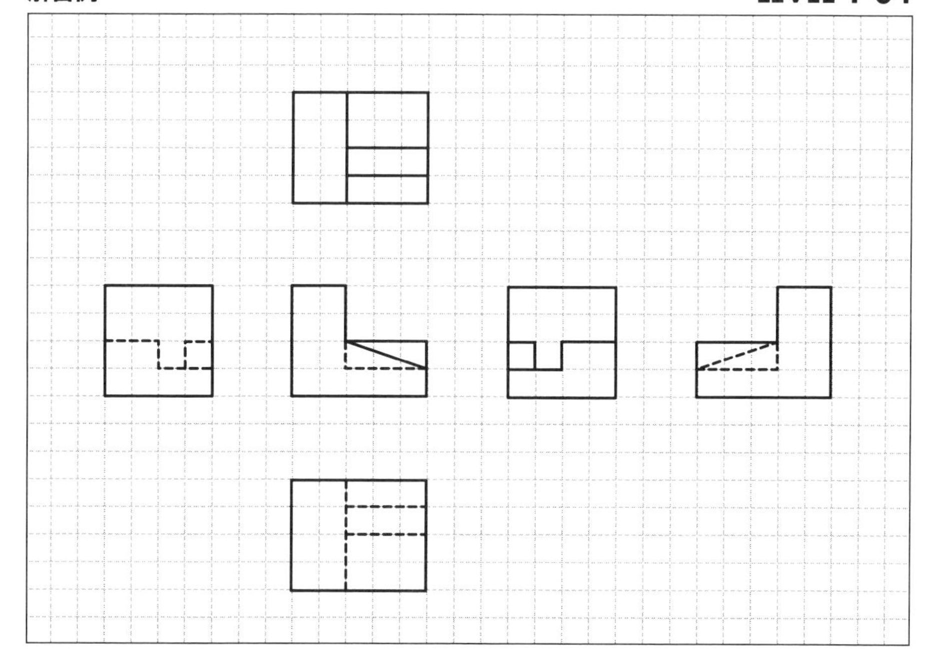

解答例

LEVEL 1-05

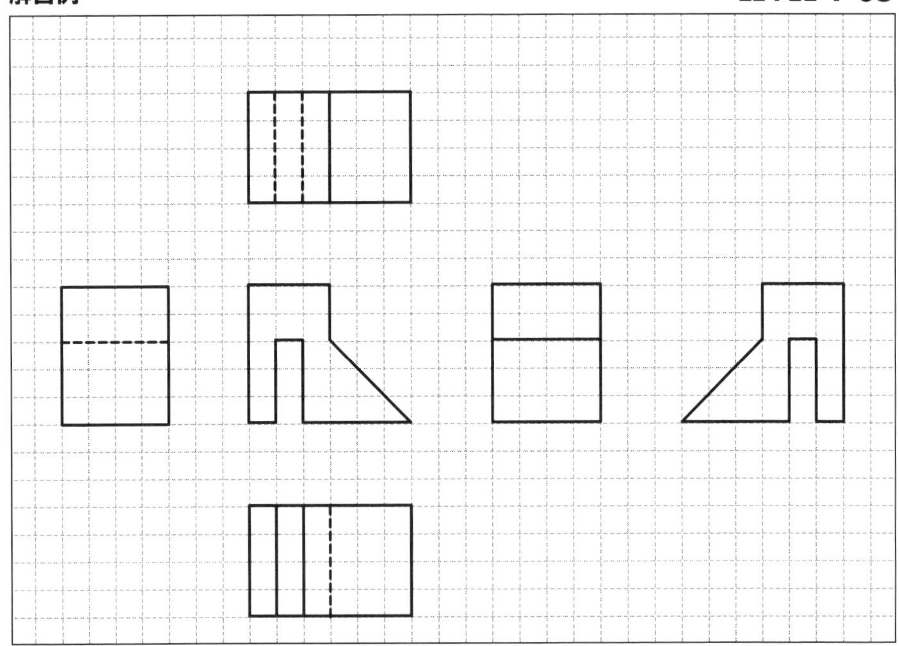

解答例

LEVEL 1-06

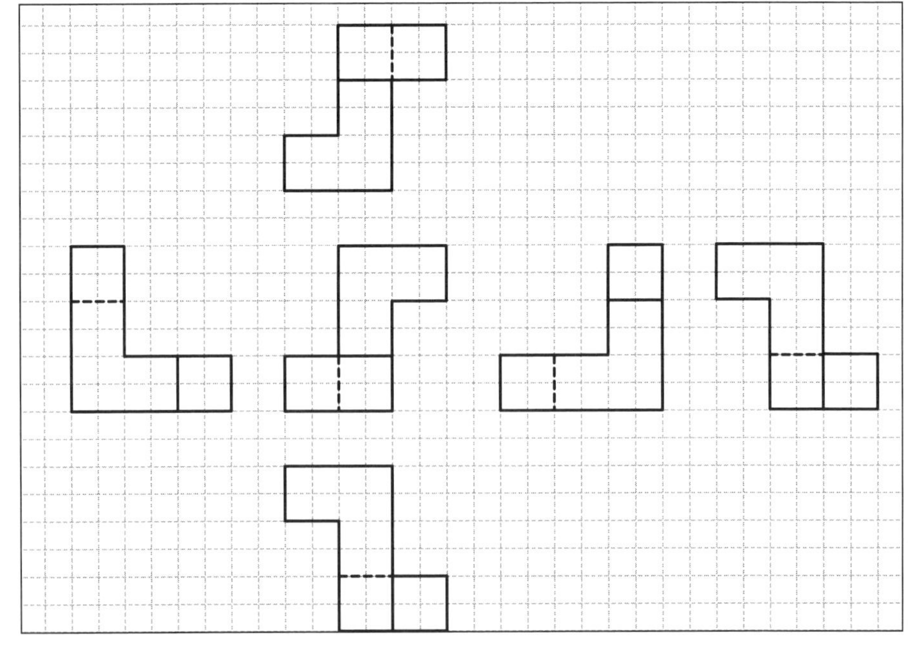

LEVEL 1-07

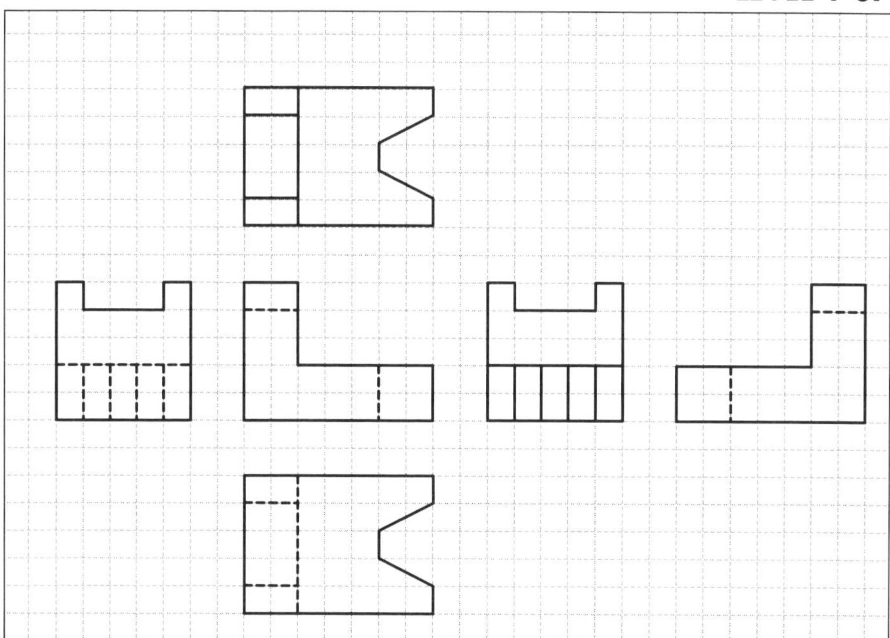

解答例

LEVEL 1-08

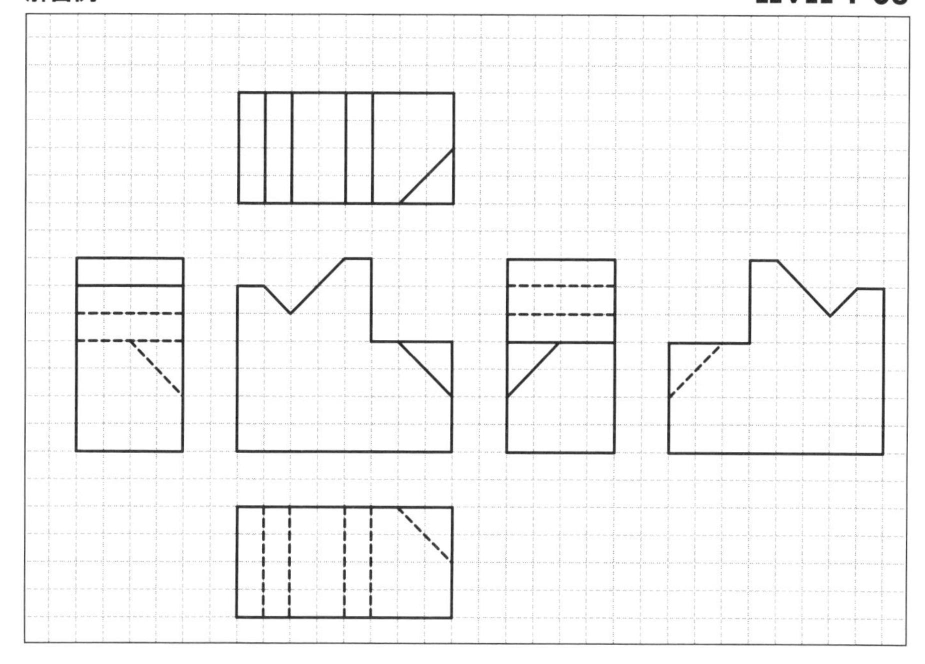

解答例 LEVEL 2-01

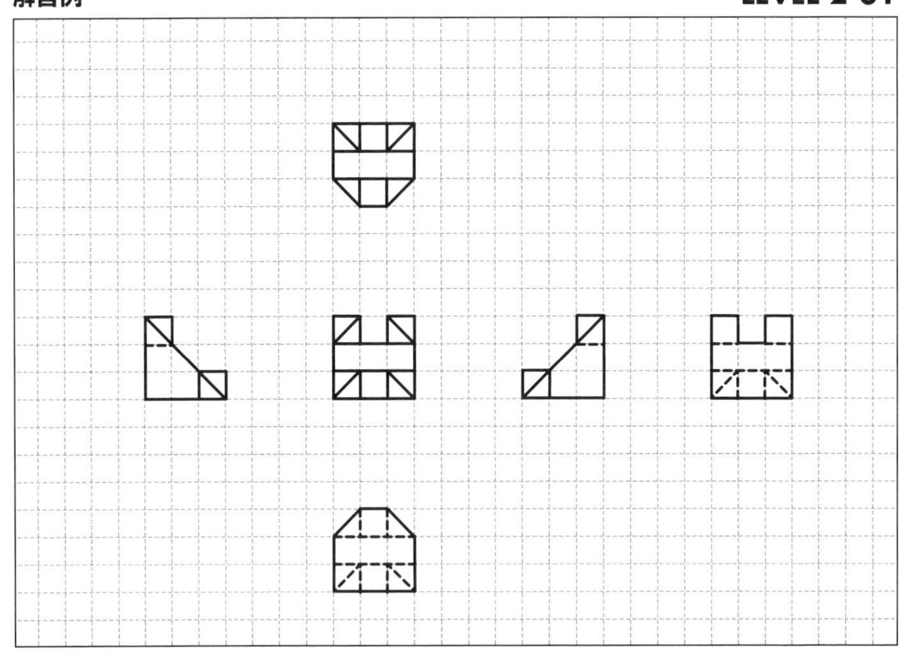

解答例 LEVEL 2-02

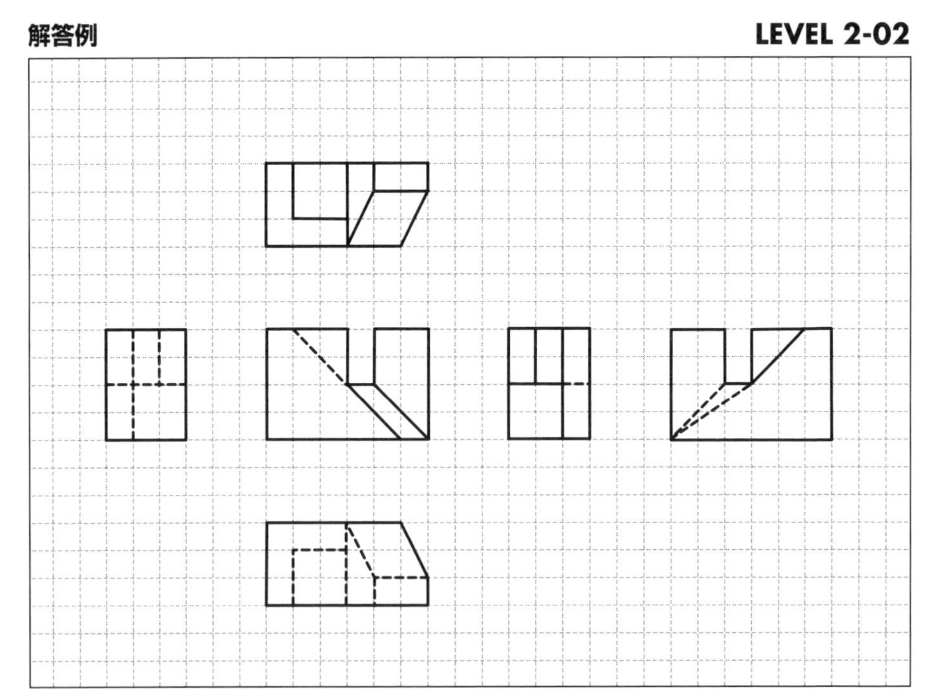

解答例

LEVEL 2-03

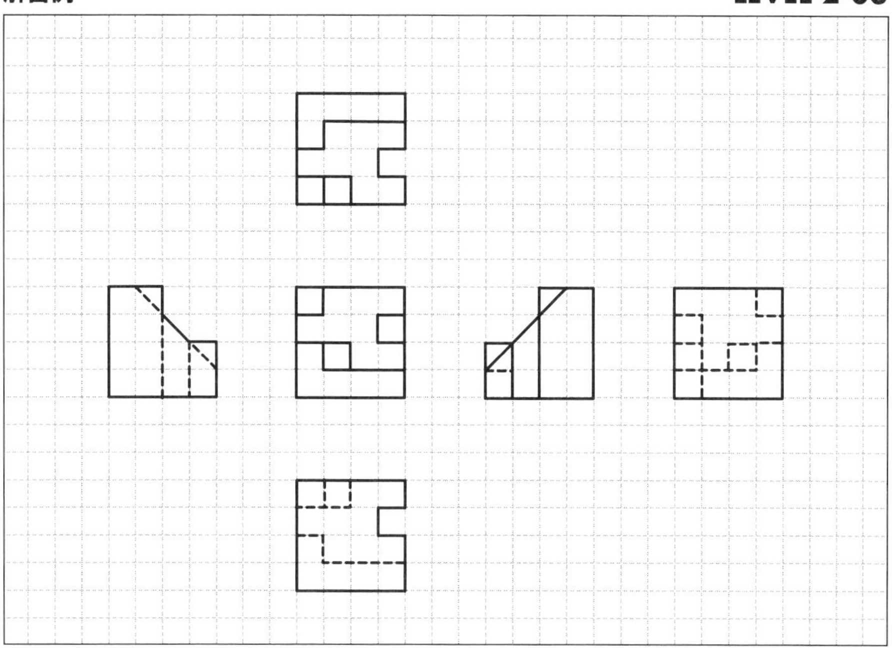

解答例

LEVEL 2-04

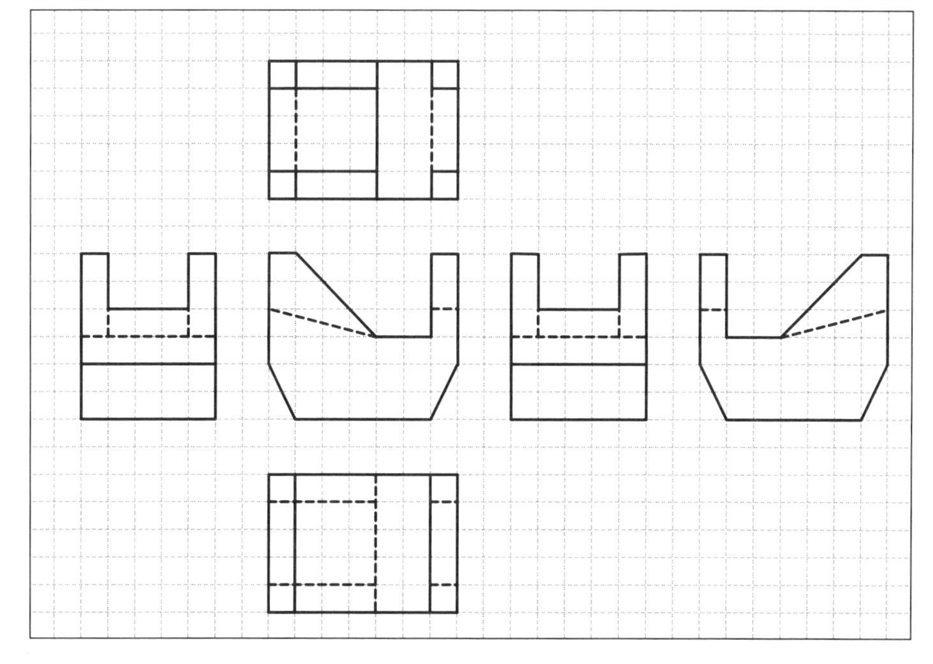

解答例

LEVEL 2-05

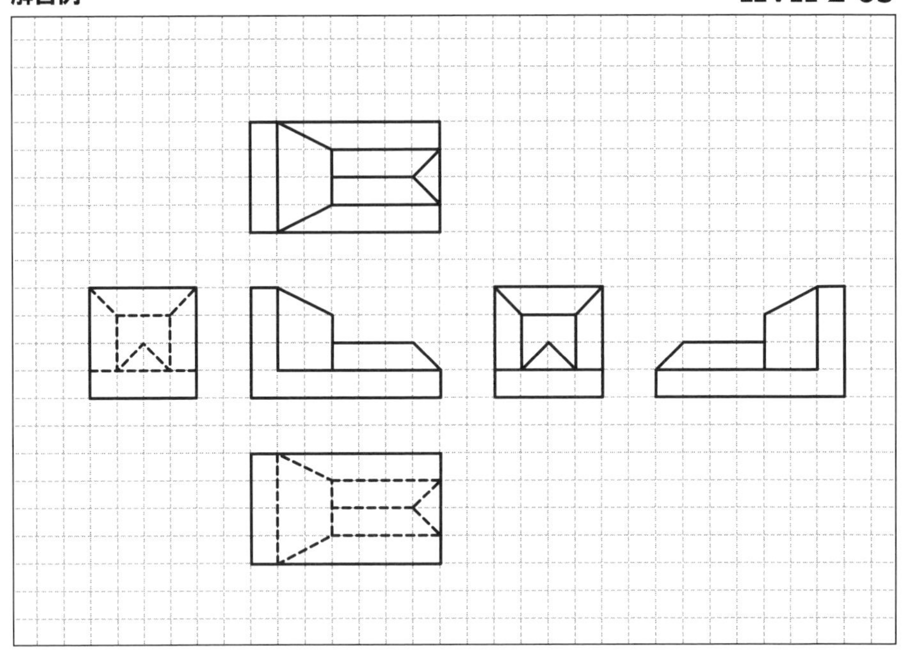

解答例

LEVEL 2-06

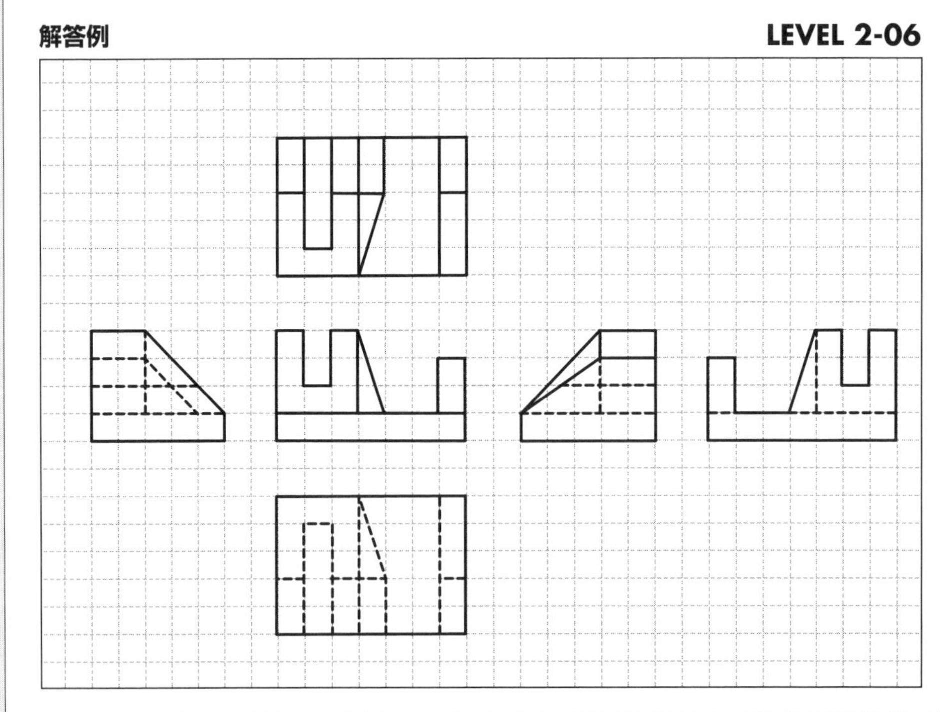

第3章

アイソメ図作成シンキング
～投影図から　アイソメ図を作成する～

立体形状は、
四角いブロックから
いろんな部分を削ぎ取って
作ることができるやん!?

設計形状をイメージせずに
成り行きで形状を作るから、
加工しにくい形状になったり、
コスト高の形状になったり
するんや!

課題図の前提条件

一般的な方眼紙に全部で6 つの投影図があります。

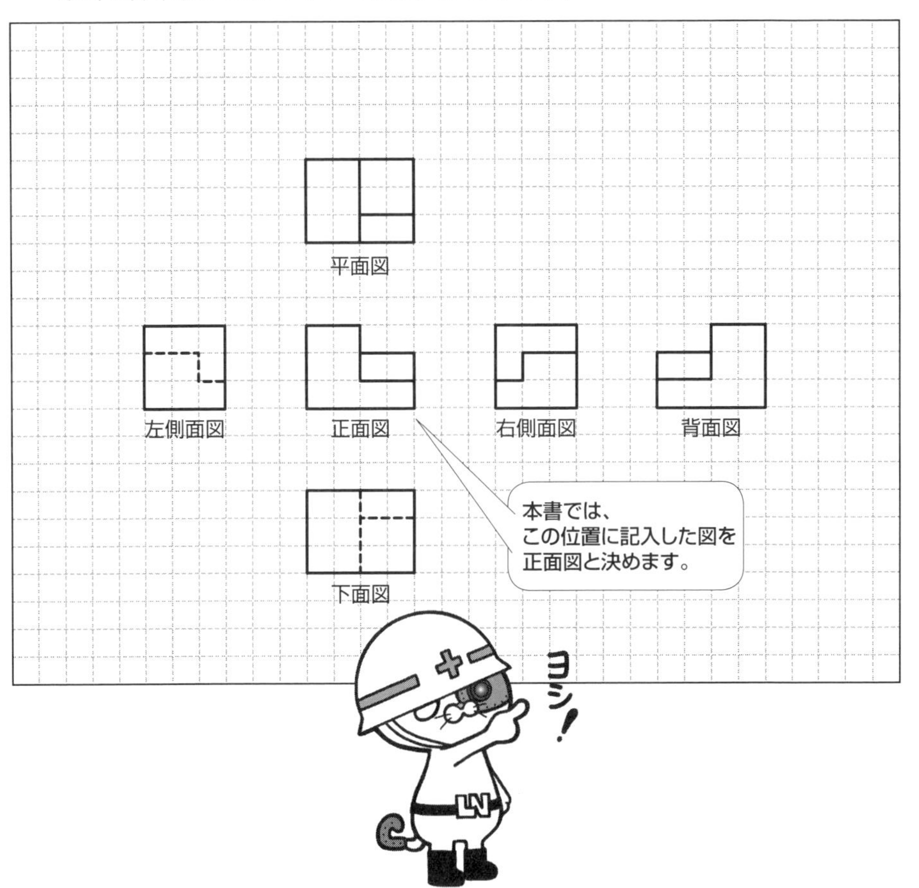

解答図の条件と描き方

投影図のマス目の数を合わせて、アイソメ図（等角投影図）を記入します。アイソメ図の配置は、解答枠の中央に近い状態で配置します。

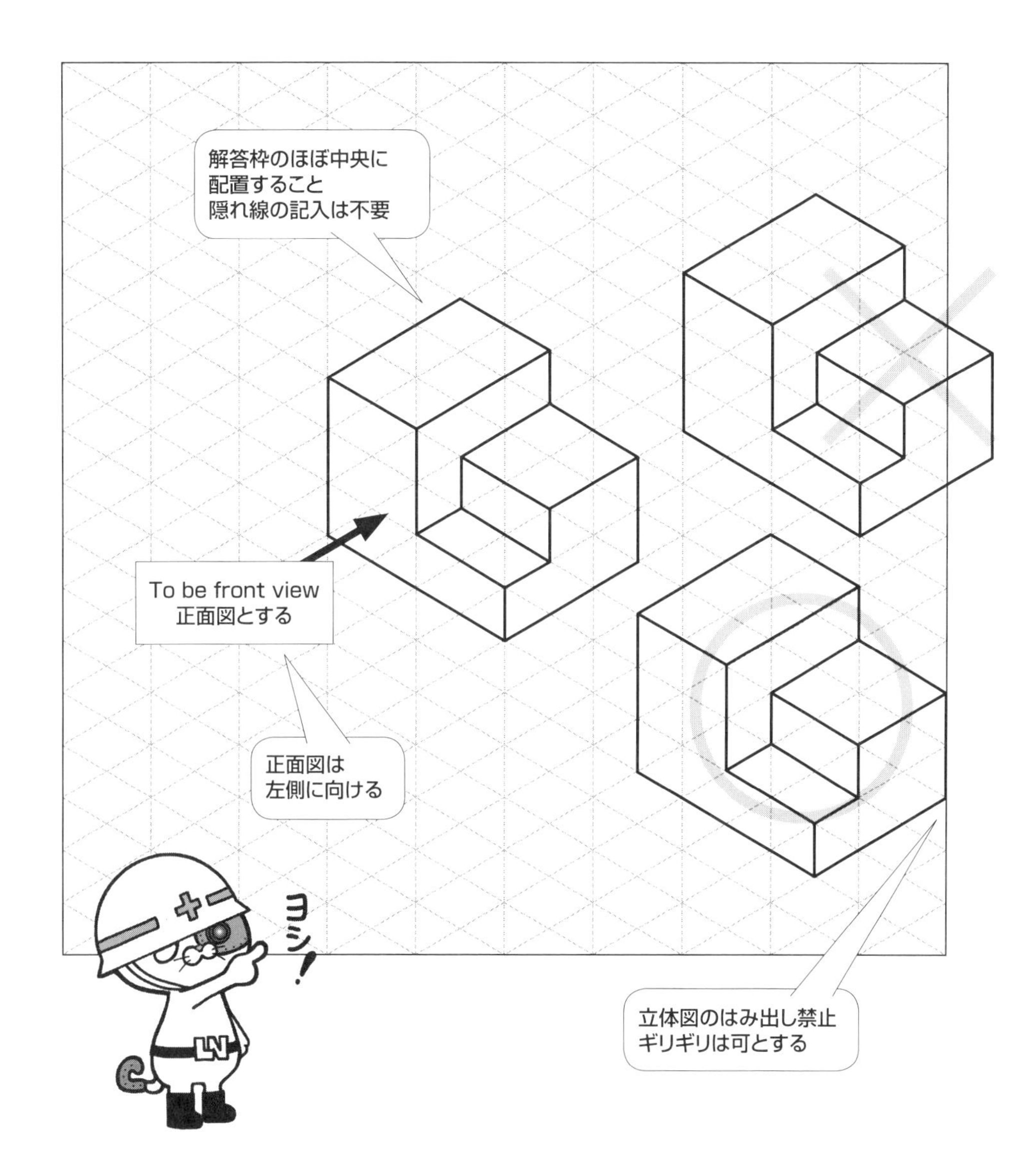

【アイソメ図作成演習】 **LEVEL 0-01**

次の投影図から等角投影のアイソメ図を作成しなさい。
隠れ線は記入する必要はない。

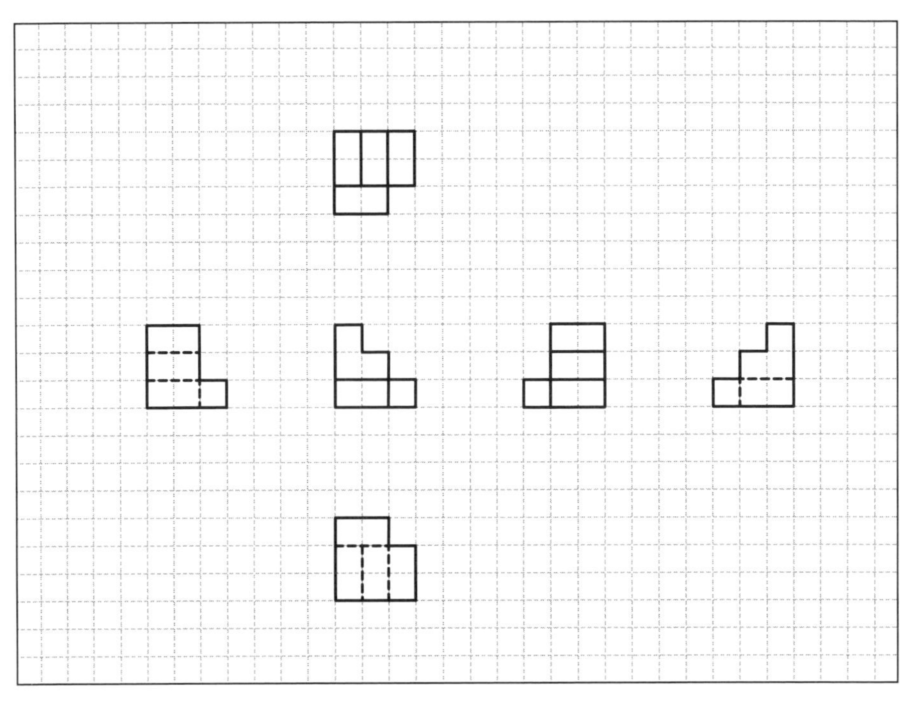

Projection	Symbol
Third angle	

【アイソメ図作成演習】解答記入欄　　LEVEL 0-01

正面図が左側に向くようにアイソメ図を記入すること。
解答記入欄からはみ出さないよう、必要なマス目を調べること。

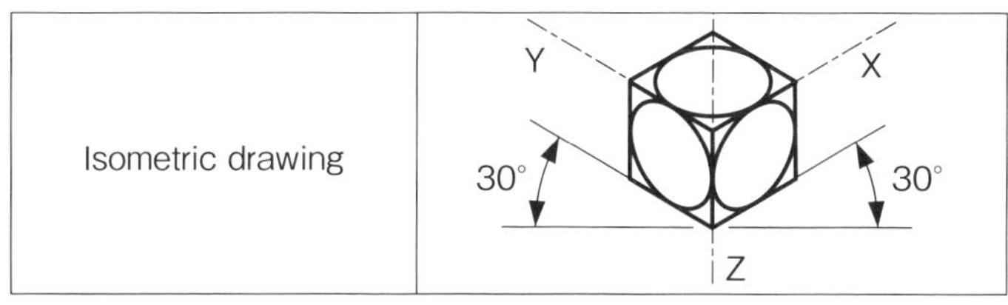

【アイソメ図作成演習】 LEVEL 0-02

次の投影図から等角投影のアイソメ図を作成しなさい。
隠れ線は記入する必要はない。

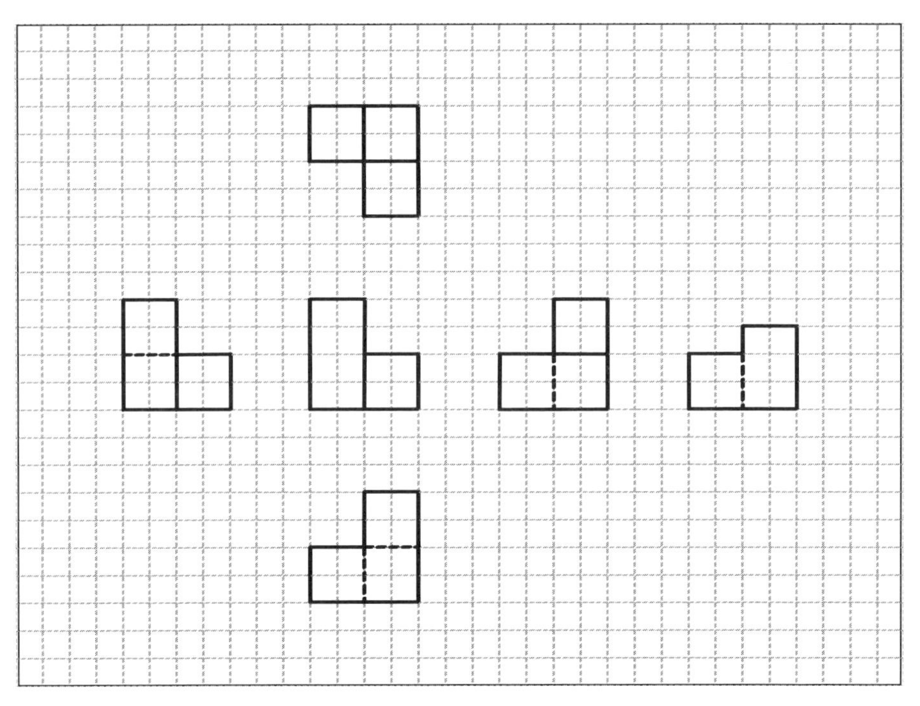

Projection	Symbol
Third angle	

【アイソメ図作成演習】解答記入欄

LEVEL 0-02

正面図が左側に向くようにアイソメ図を記入すること。
解答記入欄からはみ出さないよう、必要なマス目を調べること。

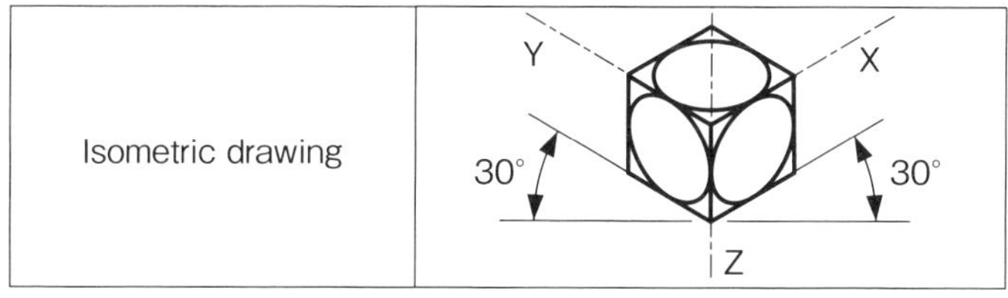

【アイソメ図作成演習】　LEVEL 0-03

次の投影図から等角投影のアイソメ図を作成しなさい。
隠れ線は記入する必要はない。

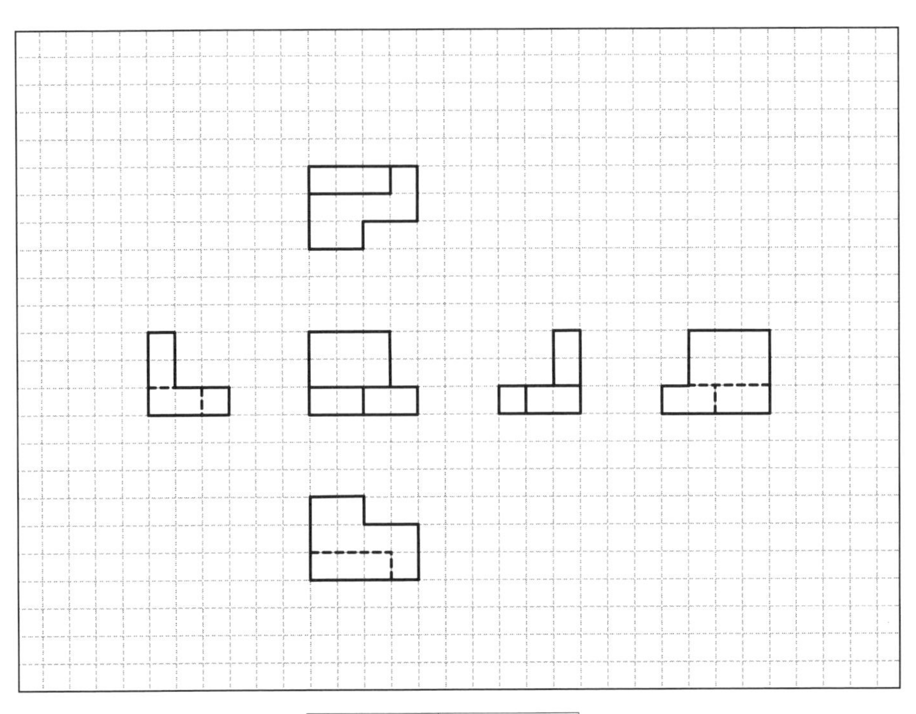

Projection	Symbol
Third angle	

【アイソメ図作成演習】解答記入欄　LEVEL 0-03

正面図が左側に向くようにアイソメ図を記入すること。
解答記入欄からはみ出さないよう、必要なマス目を調べること。

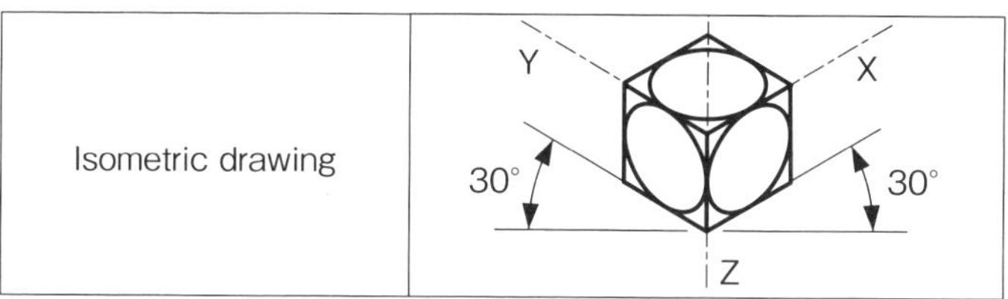

【アイソメ図作成演習】　LEVEL 0-04

次の投影図から等角投影のアイソメ図を作成しなさい。
隠れ線は記入する必要はない。

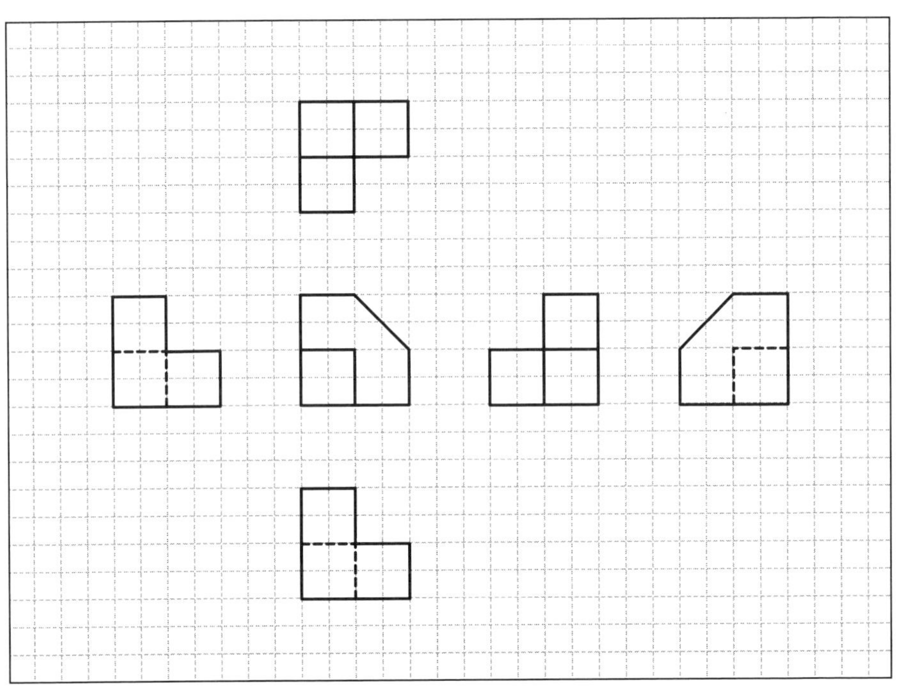

Projection	Symbol
Third angle	

【アイソメ図作成演習】解答記入欄

LEVEL 0-04

正面図が左側に向くようにアイソメ図を記入すること。
解答記入欄からはみ出さないよう、必要なマス目を調べること。

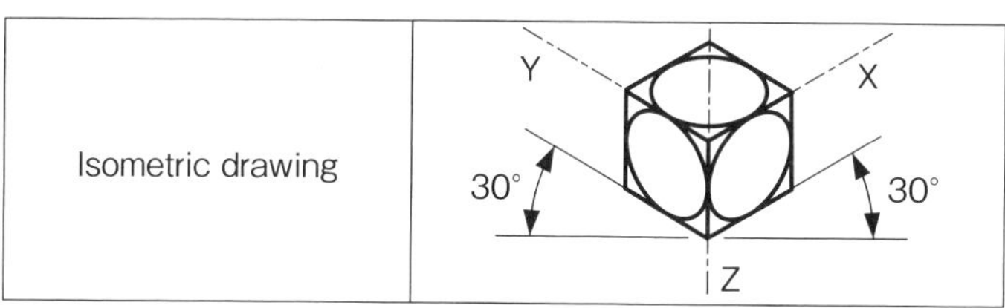

【アイソメ図作成演習】

LEVEL 0-05

次の投影図から等角投影のアイソメ図を作成しなさい。
隠れ線は記入する必要はない。

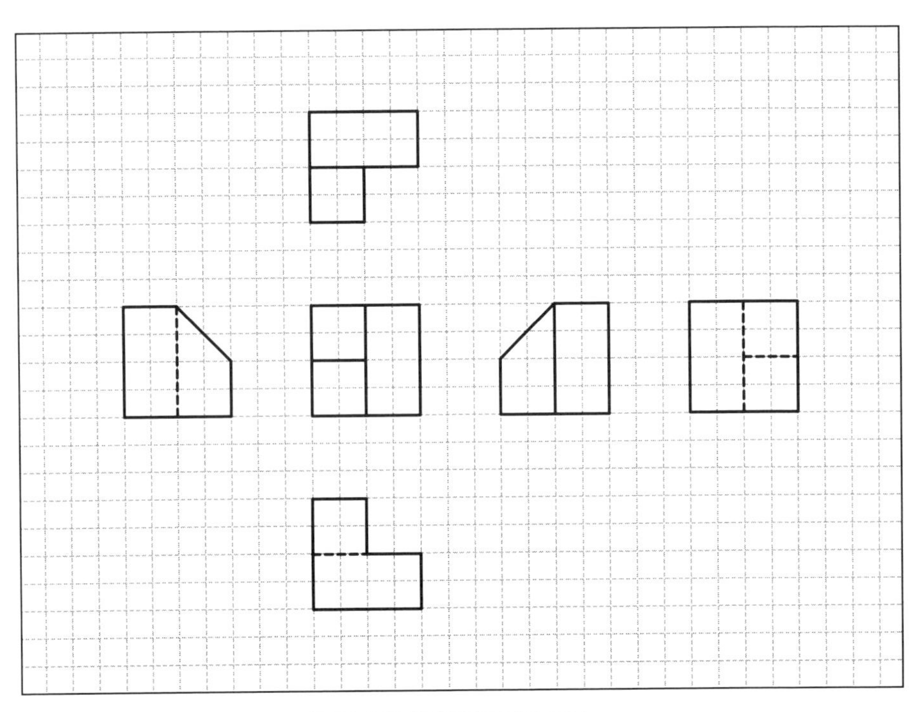

Projection	Symbol
Third angle	

【アイソメ図作成演習】解答記入欄

LEVEL 0-05

正面図が左側に向くようにアイソメ図を記入すること。
解答記入欄からはみ出さないよう、必要なマス目を調べること。

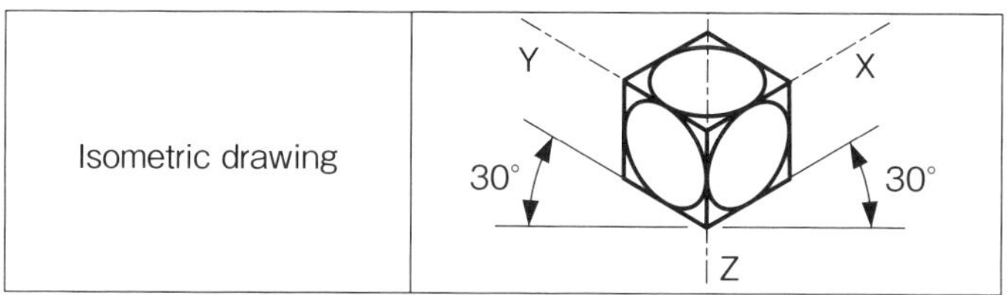

【アイソメ図作成演習】 LEVEL 0-06

次の投影図から等角投影のアイソメ図を作成しなさい。
隠れ線は記入する必要はない。

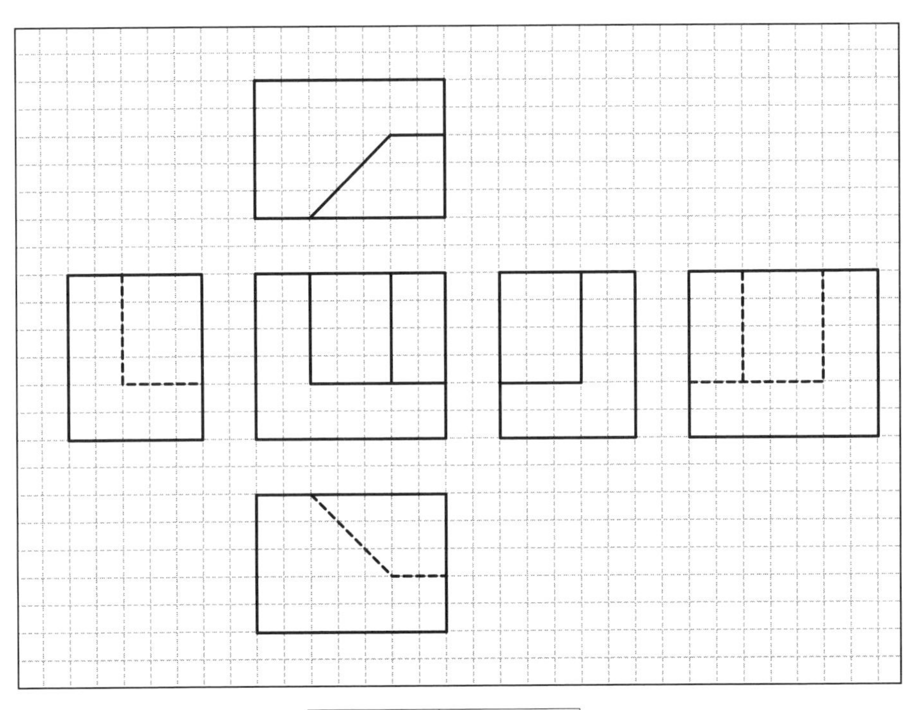

Projection	Symbol
Third angle	

【アイソメ図作成演習】解答記入欄

正面図が左側に向くようにアイソメ図を記入すること。
解答記入欄からはみ出さないよう、必要なマス目を調べること。

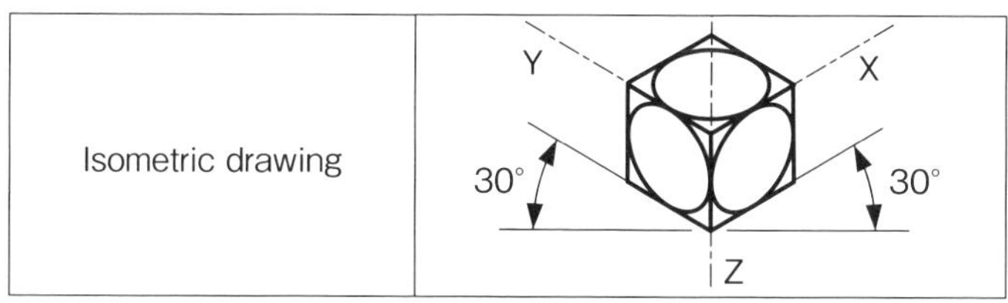

【アイソメ図作成演習】 LEVEL 0-07

次の投影図から等角投影のアイソメ図を作成しなさい。
隠れ線は記入する必要はない。

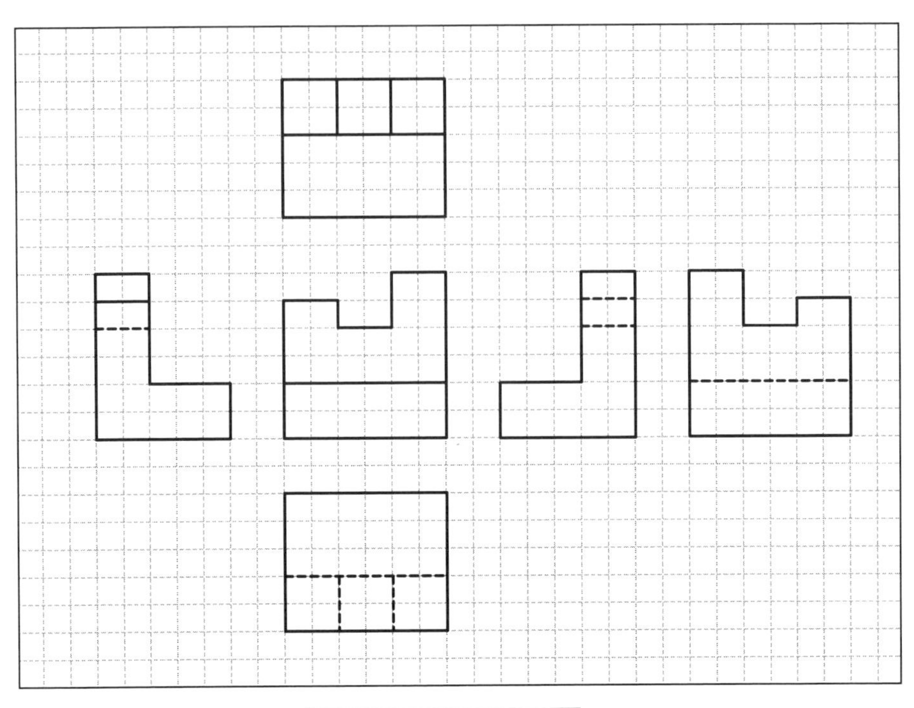

Projection	Symbol
Third angle	

正面図が左側に向くようにアイソメ図を記入すること。
解答記入欄からはみ出さないよう、必要なマス目を調べること。

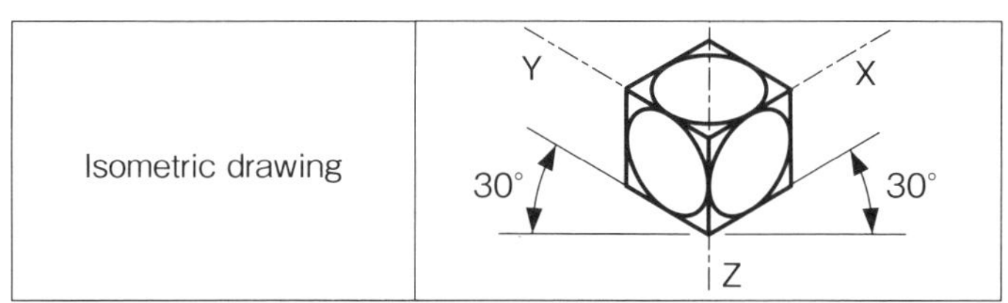

【アイソメ図作成演習】 LEVEL 0-08

次の投影図から等角投影のアイソメ図を作成しなさい。
隠れ線は記入する必要はない。

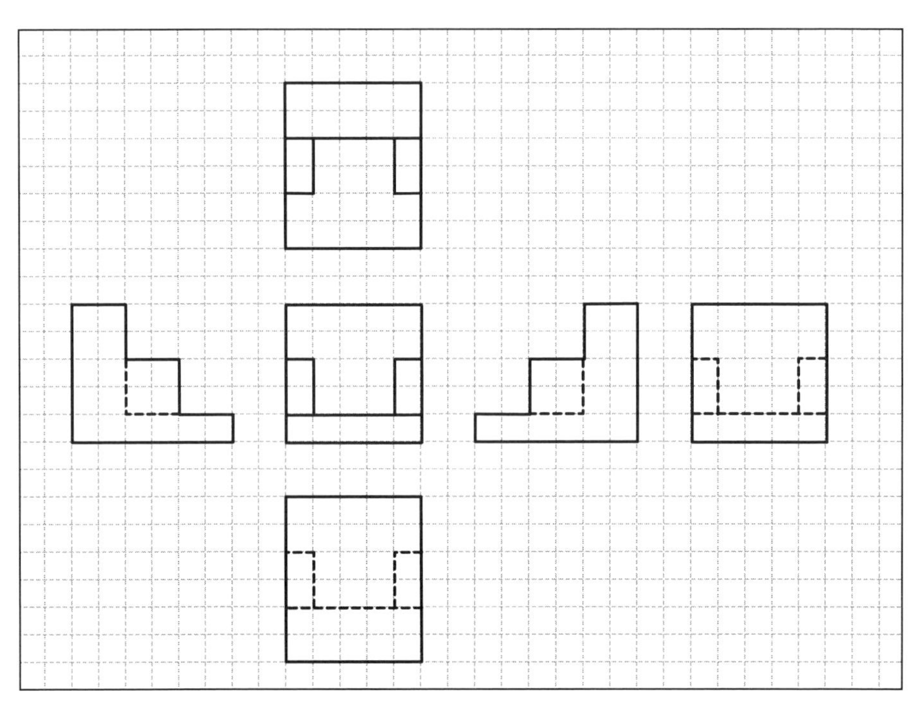

Projection	Symbol
Third angle	

【アイソメ図作成演習】解答記入欄　　LEVEL 0-08

正面図が左側に向くようにアイソメ図を記入すること。
解答記入欄からはみ出さないよう、必要なマス目を調べること。

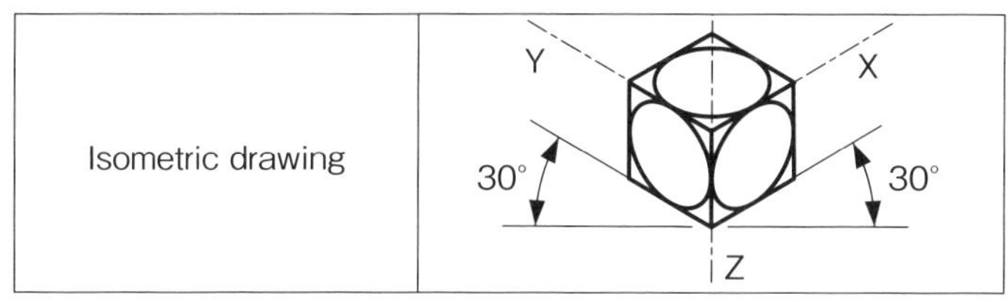

■D(￣ー￣*)コーヒーブレイク

陰影のある図形

線要素だけで形状を表示することができます。

しかし、実際のモノには、光源から発せられる光が直接あたる部分や光が遮られ直接あたらない部分があり、それらを表現することで、より立体感を表現することができます。

立体図形に陰影をつけて奥行き感を出す練習をすることも、空間認識力向上につながると思われます。

メモ

次の投影図から等角投影のアイソメ図を作成しなさい。
隠れ線は記入する必要はない。

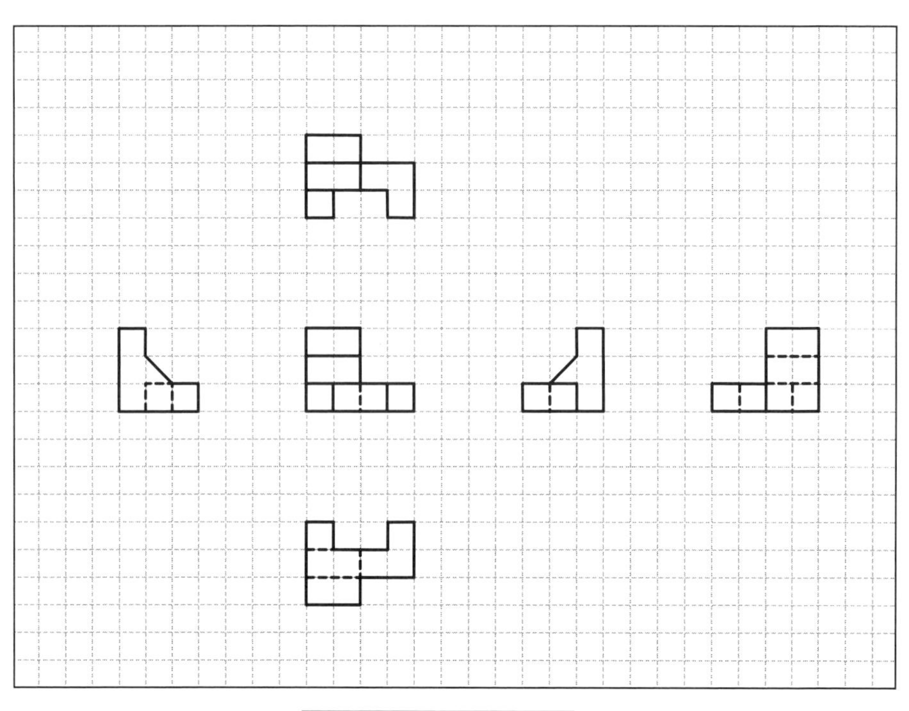

Projection	Symbol
Third angle	

【アイソメ図作成演習】解答記入欄　LEVEL 1-01

正面図が左側に向くようにアイソメ図を記入すること。
解答記入欄からはみ出さないよう、必要なマス目を調べること。

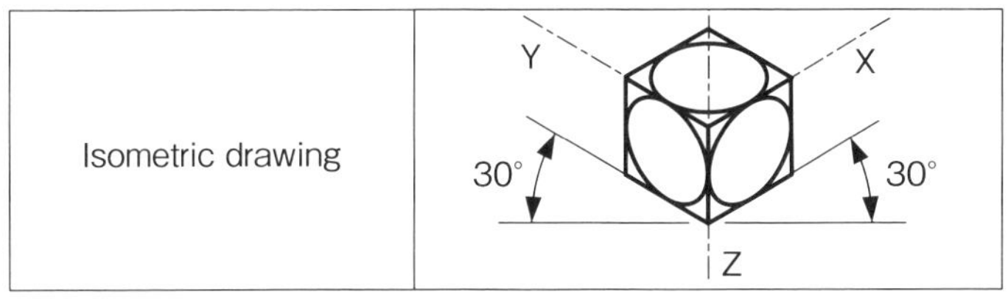

【アイソメ図作成演習】 LEVEL 1-02

次の投影図から等角投影のアイソメ図を作成しなさい。
隠れ線は記入する必要はない。

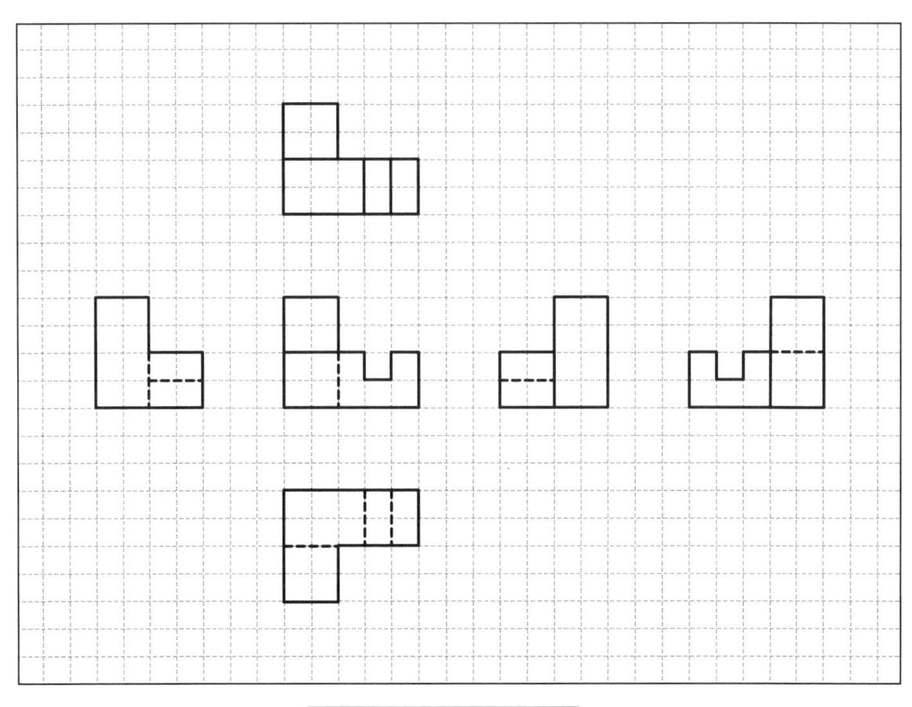

Projection	Symbol
Third angle	

【アイソメ図作成演習】解答記入欄　LEVEL 1-02

正面図が左側に向くようにアイソメ図を記入すること。
解答記入欄からはみ出さないよう、必要なマス目を調べること。

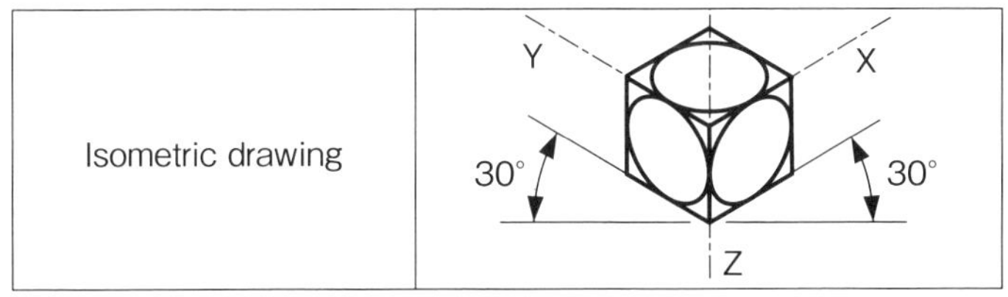

【アイソメ図作成演習】 LEVEL 1-03

次の投影図から等角投影のアイソメ図を作成しなさい。
隠れ線は記入する必要はない。

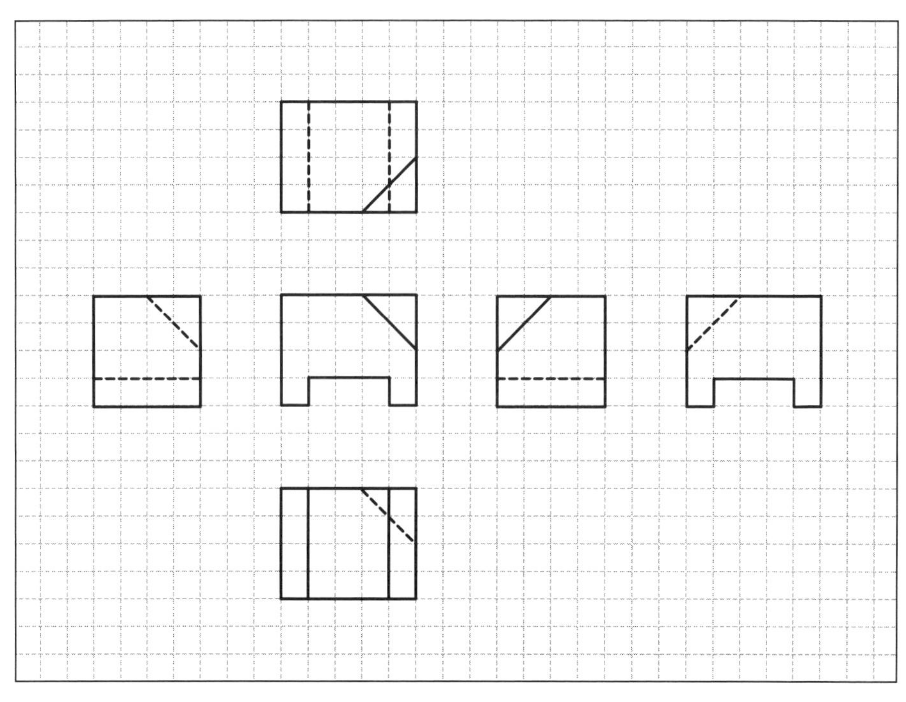

Projection	Symbol
Third angle	

【アイソメ図作成演習】解答記入欄

正面図が左側に向くようにアイソメ図を記入すること。
解答記入欄からはみ出さないよう、必要なマス目を調べること。

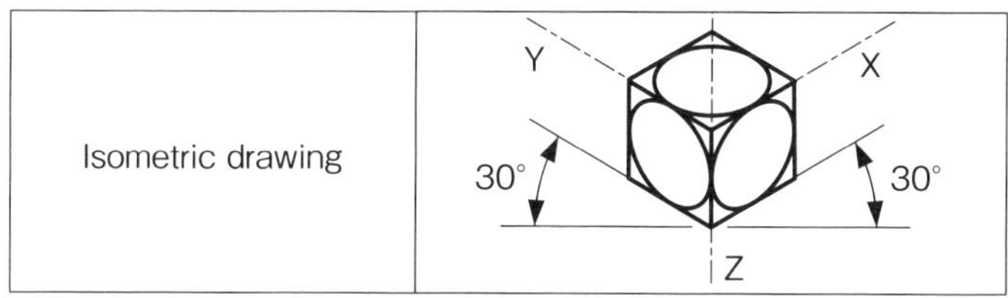

【アイソメ図作成演習】 LEVEL 1-04

次の投影図から等角投影のアイソメ図を作成しなさい。
隠れ線は記入する必要はない。

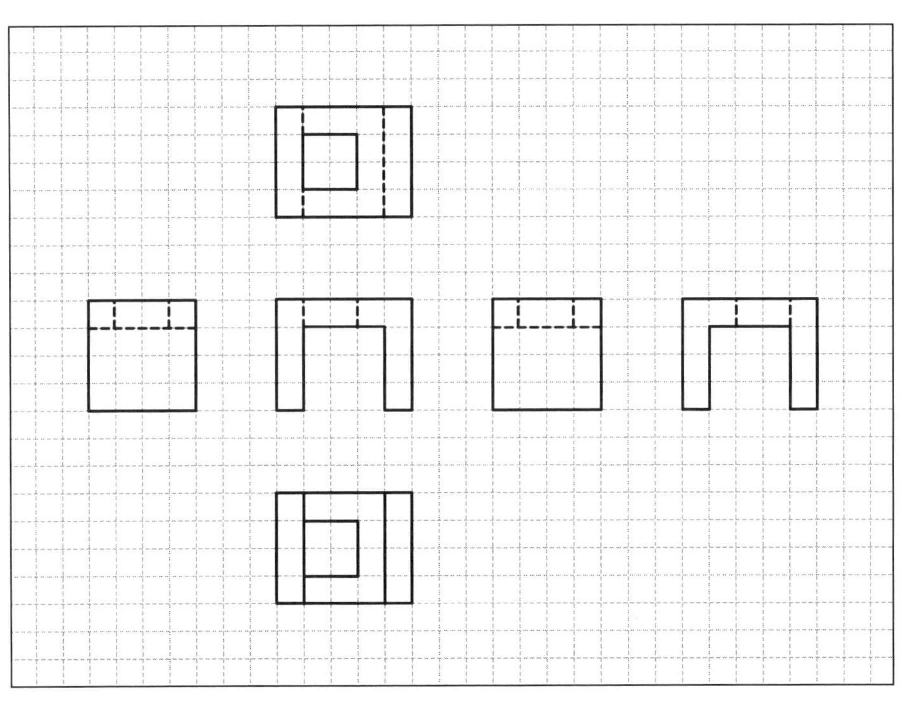

Projection	Symbol
Third angle	

【アイソメ図作成演習】解答記入欄　LEVEL 1-04

正面図が左側に向くようにアイソメ図を記入すること。
解答記入欄からはみ出さないよう、必要なマス目を調べること。

次の投影図から等角投影のアイソメ図を作成しなさい。
隠れ線は記入する必要はない。

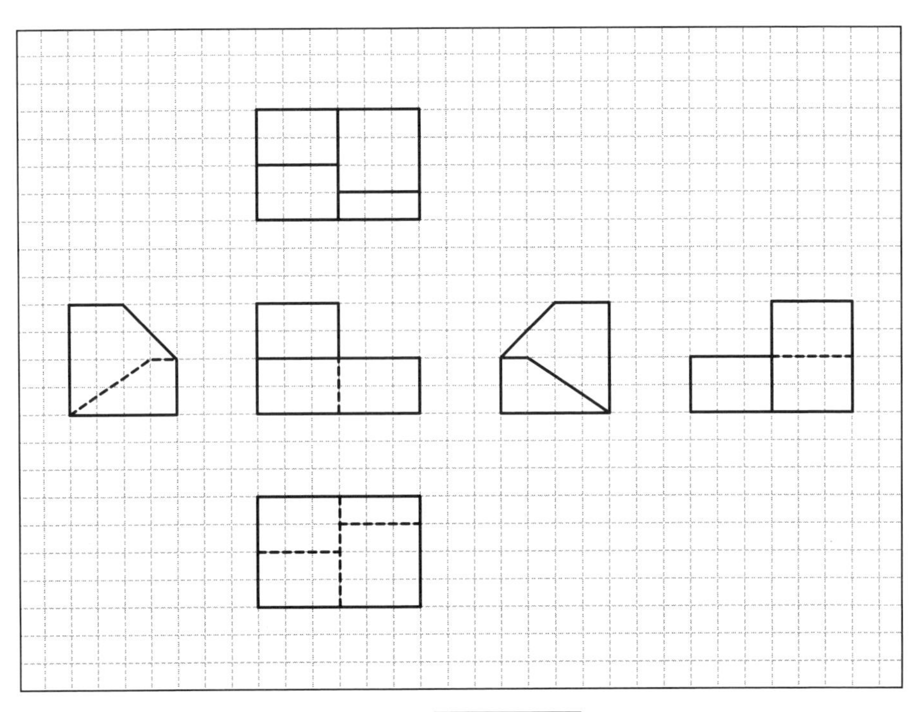

Projection	Symbol
Third angle	

【アイソメ図作成演習】解答記入欄 LEVEL 1-05

正面図が左側に向くようにアイソメ図を記入すること。
解答記入欄からはみ出さないよう、必要なマス目を調べること。

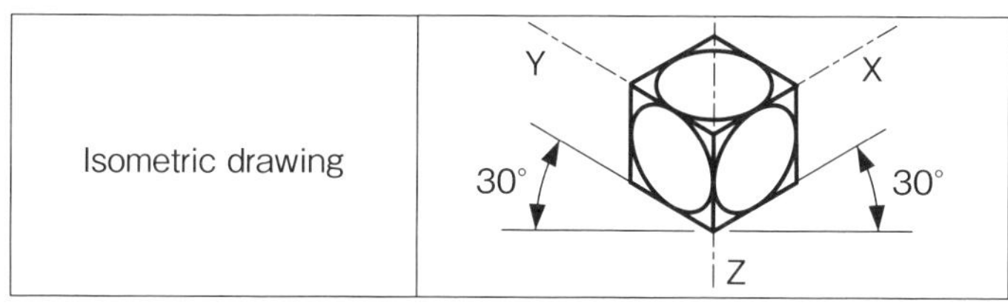

次の投影図から等角投影のアイソメ図を作成しなさい。
隠れ線は記入する必要はない。

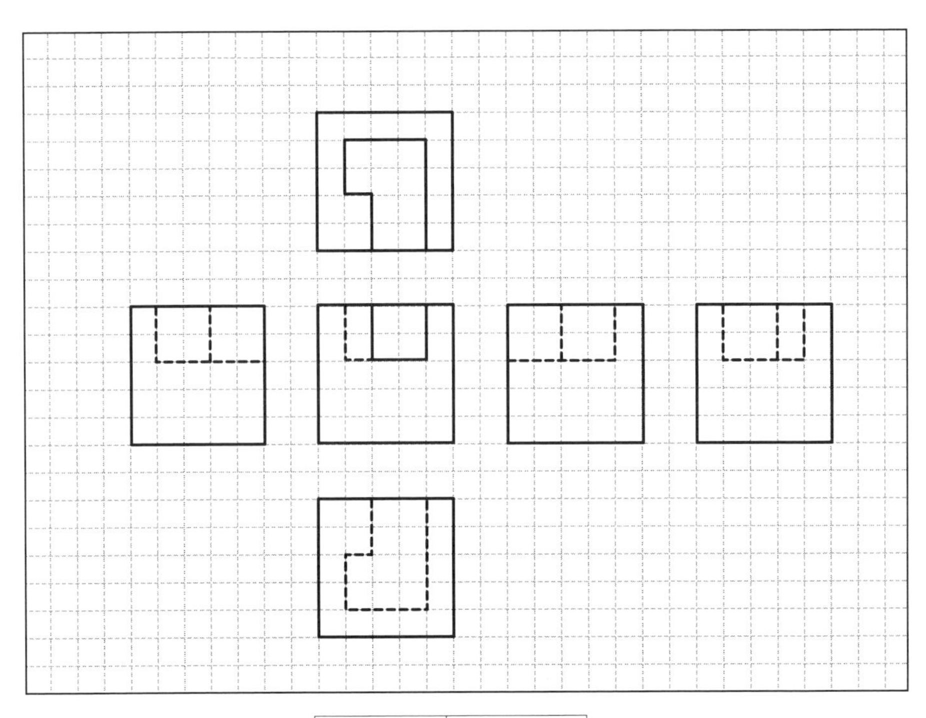

Projection	Symbol
Third angle	

【アイソメ図作成演習】解答記入欄

LEVEL 1-06

正面図が左側に向くようにアイソメ図を記入すること。
解答記入欄からはみ出さないよう、必要なマス目を調べること。

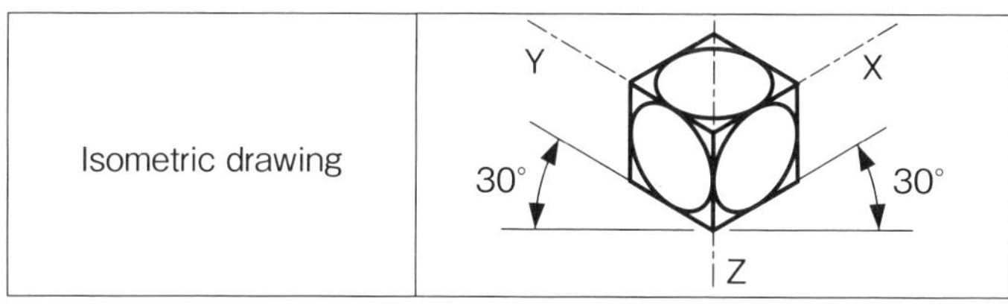

【アイソメ図作成演習】　LEVEL 1-07

次の投影図から等角投影のアイソメ図を作成しなさい。
隠れ線は記入する必要はない。

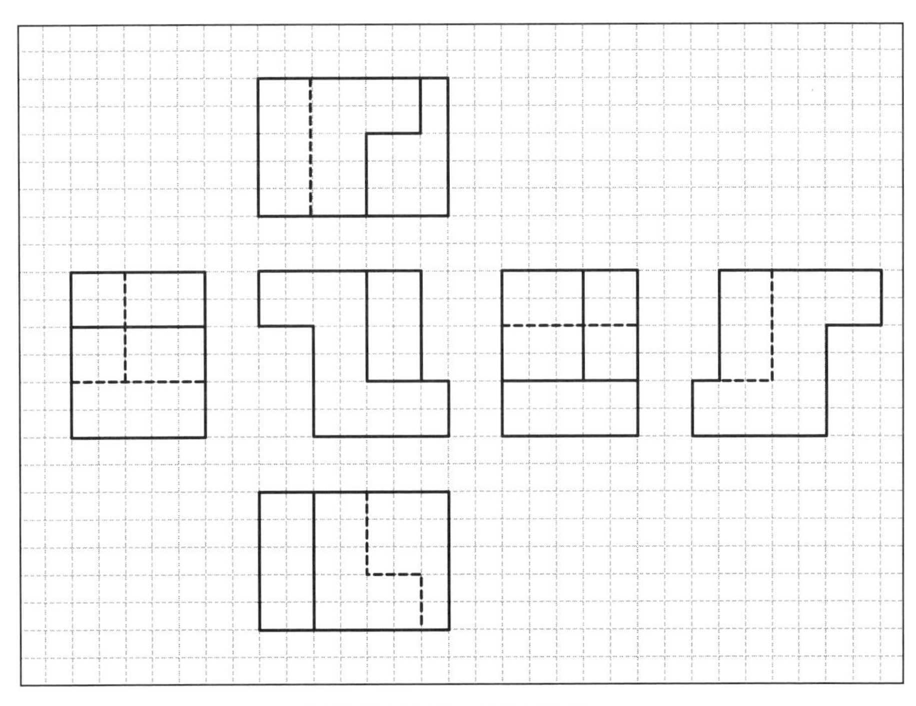

Projection	Symbol
Third angle	

正面図が左側に向くようにアイソメ図を記入すること。
解答記入欄からはみ出さないよう、必要なマス目を調べること。

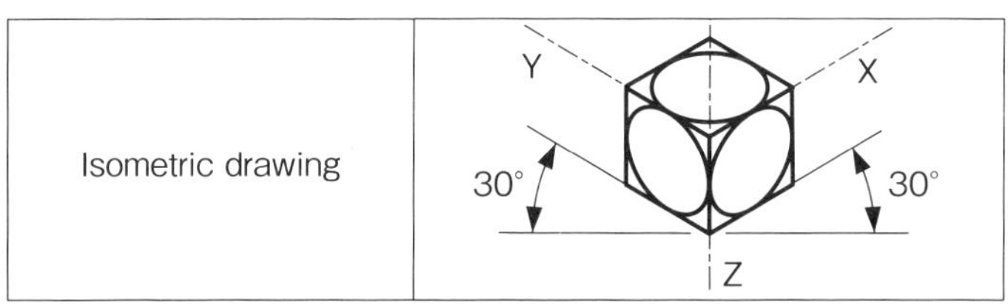

次の投影図から等角投影のアイソメ図を作成しなさい。
隠れ線は記入する必要はない。

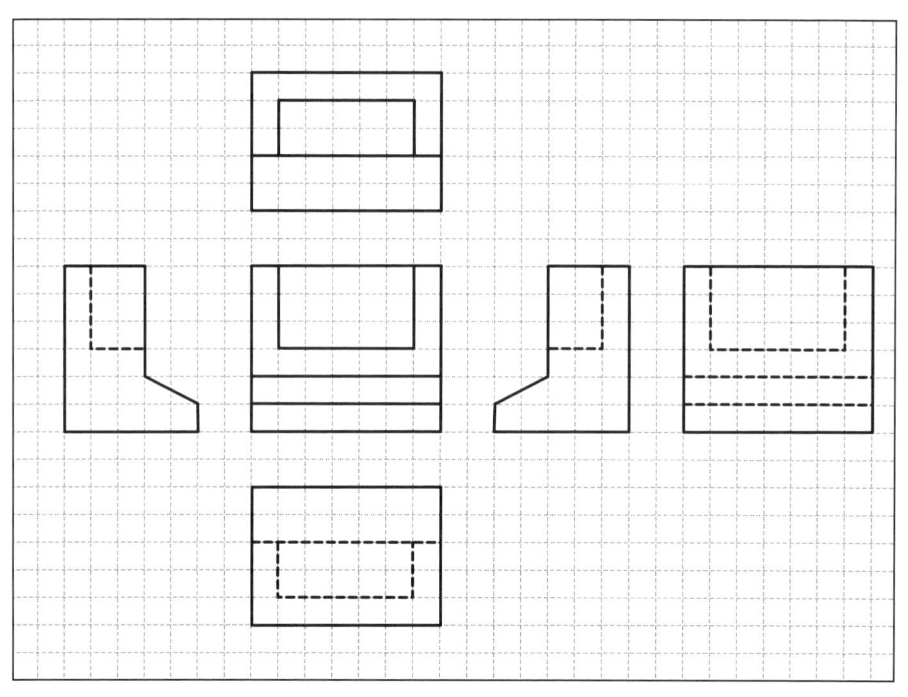

Projection	Symbol
Third angle	

【アイソメ図作成演習】解答記入欄　LEVEL 1-08

正面図が左側に向くようにアイソメ図を記入すること。
解答記入欄からはみ出さないよう、必要なマス目を調べること。

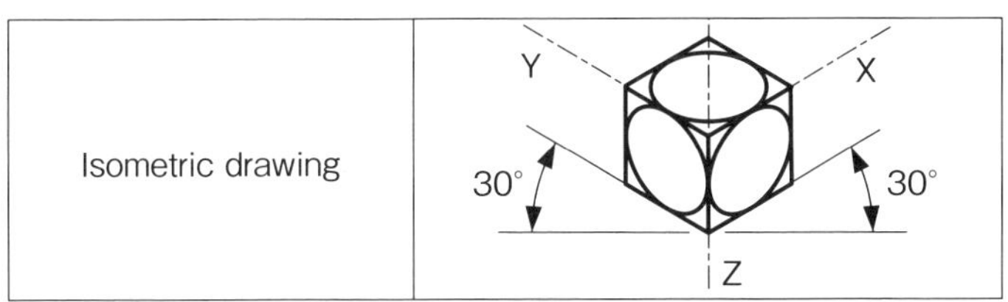

■D(￣ー￣*)コーヒーブレイク

ペンローズの三角形

2 次元の図形を紙やディスプレイ上に描く際に、現実のユークリッド空間における立体形状ではありえない形状を書くことができます。

皆さんもエッシャーのだまし絵“滝”で、高低差のあるジグザグの水路なのに永遠に水が流れるレイアウトになった絵を見たことがある人も多いでしょう。

このように、目の錯覚を引き起こすことを錯視（さくし）といい、幾何学的な錯視には様々な種類があります。

代表的な錯視による幾何学的形状に、右に示す“ペンローズの三角形”があります。

ペンローズの三角形以外にも、次のような錯視を利用した形状があります。

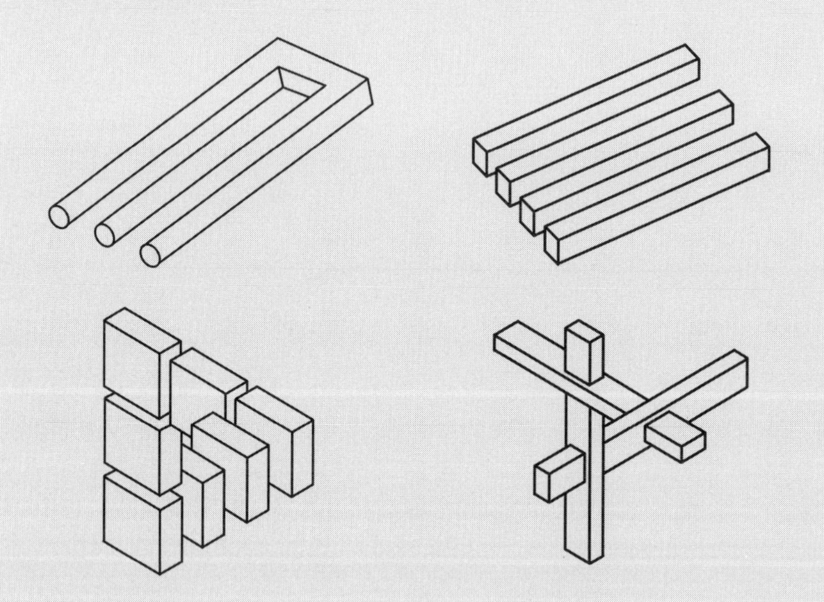

これらの錯視形状は、現実にはあり得ない形状をしていますので、絵の上手な人でさえ、記憶の下で描こうとすると脳が混乱してスケッチすることが難しくなります。

形状や空間認識力を鍛えつつスケッチ練習するにはよい練習題材といえるでしょう。

メモ

【アイソメ図作成演習】 LEVEL 2-01

次の投影図から等角投影のアイソメ図を作成しなさい。
隠れ線は記入する必要はない。

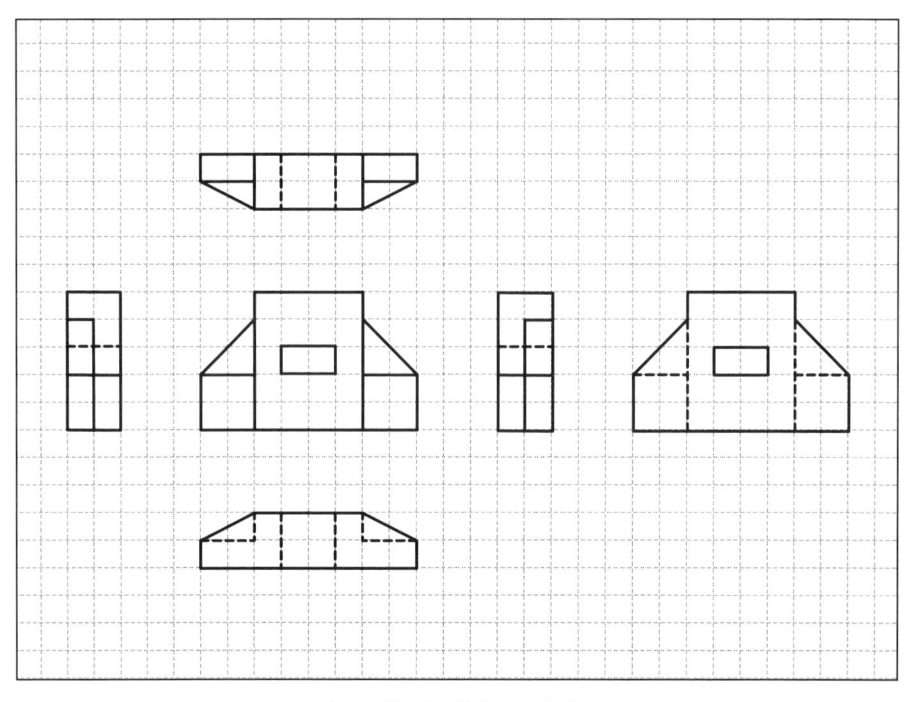

Projection	Symbol
Third angle	

【アイソメ図作成演習】解答記入欄

LEVEL 2-01

正面図が左側に向くようにアイソメ図を記入すること。
解答記入欄からはみ出さないよう、必要なマス目を調べること。

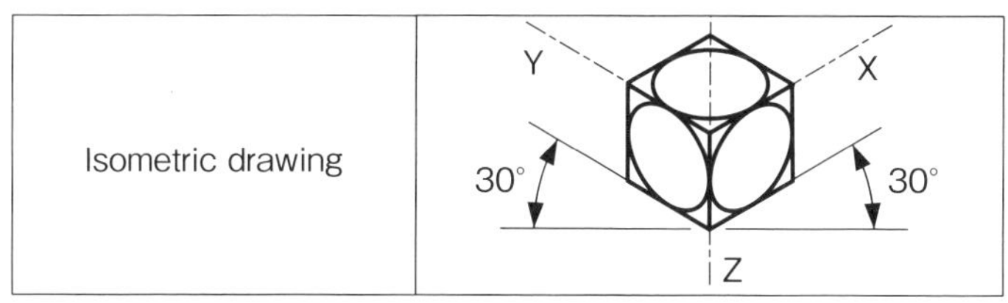

次の投影図から等角投影のアイソメ図を作成しなさい。
隠れ線は記入する必要はない。

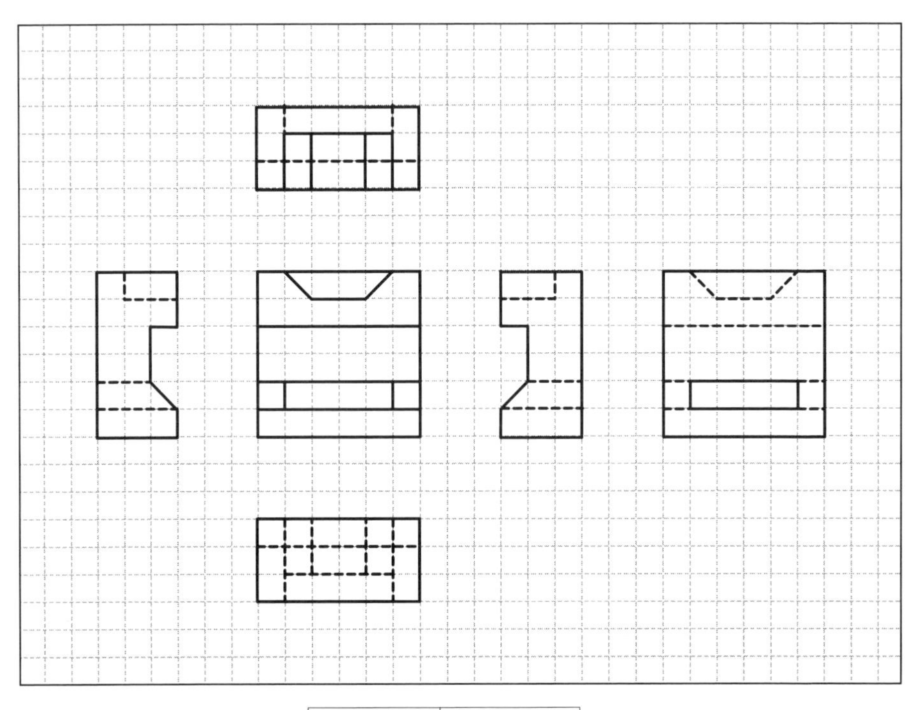

Projection	Symbol
Third angle	

【アイソメ図作成演習】解答記入欄

LEVEL 2-02

正面図が左側に向くようにアイソメ図を記入すること。
解答記入欄からはみ出さないよう、必要なマス目を調べること。

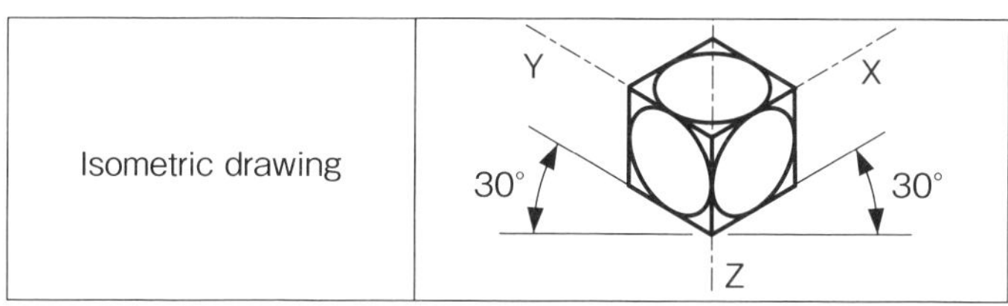

【アイソメ図作成演習】

LEVEL 2-03

次の投影図から等角投影のアイソメ図を作成しなさい。
隠れ線は記入する必要はない。

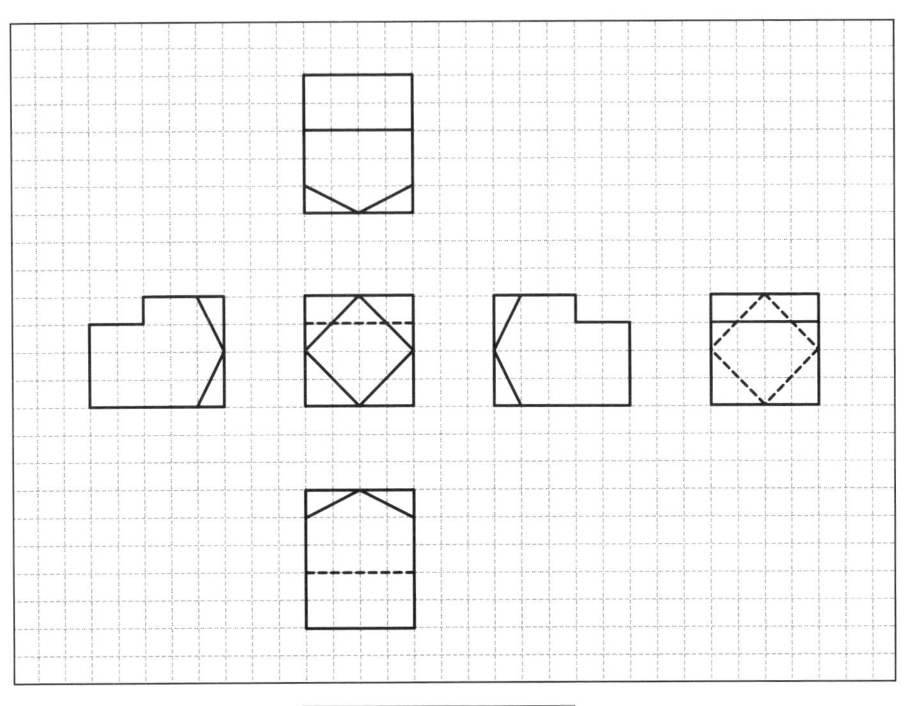

Projection	Symbol
Third angle	

正面図が左側に向くようにアイソメ図を記入すること。
解答記入欄からはみ出さないよう、必要なマス目を調べること。

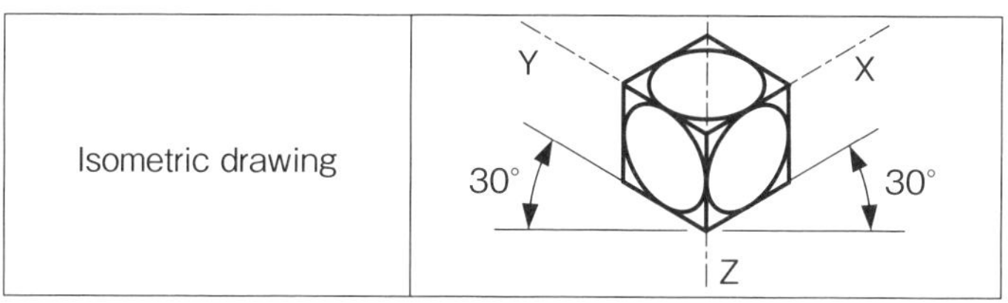

次の投影図から等角投影のアイソメ図を作成しなさい。
隠れ線は記入する必要はない。

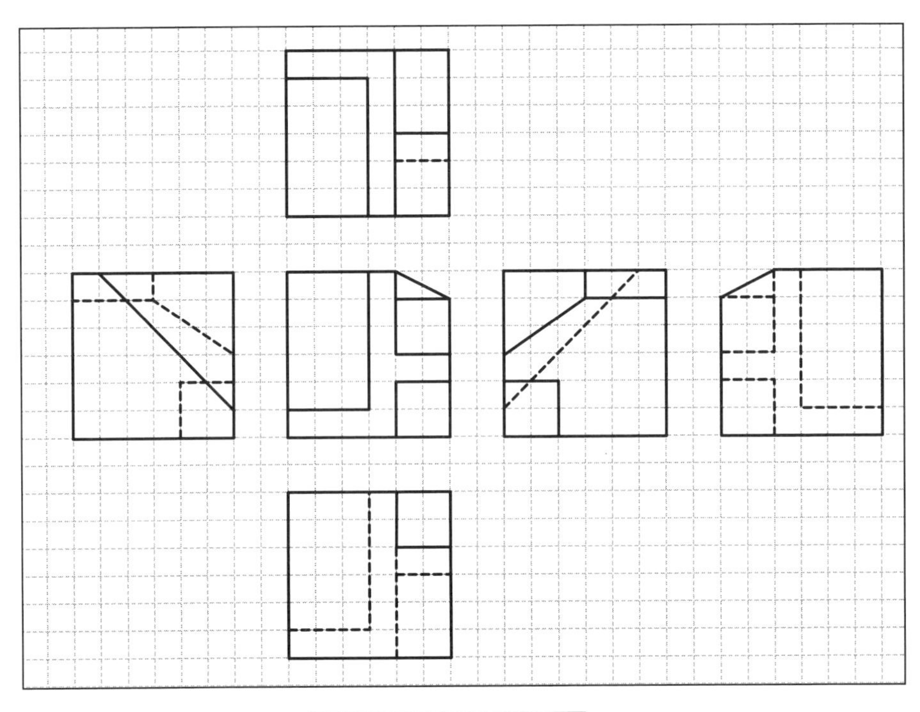

Projection	Symbol
Third angle	

【アイソメ図作成演習】解答記入欄　LEVEL 2-04

正面図が左側に向くようにアイソメ図を記入すること。
解答記入欄からはみ出さないよう、必要なマス目を調べること。

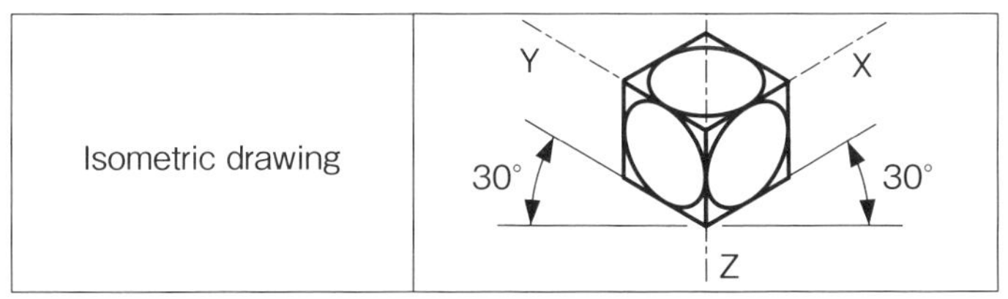

次の投影図から等角投影のアイソメ図を作成しなさい。
隠れ線は記入する必要はない。

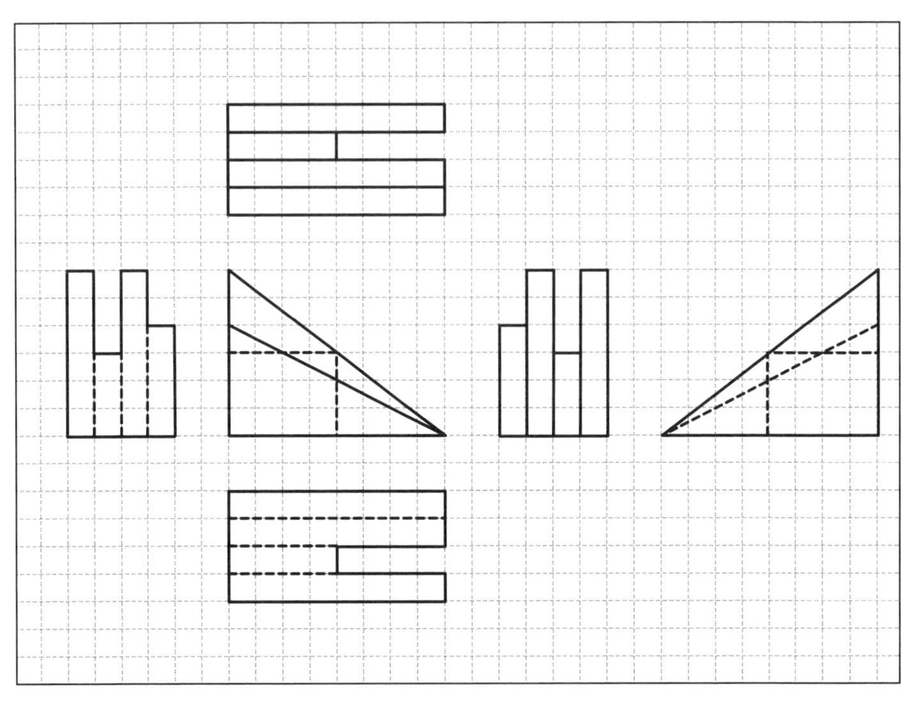

Projection	Symbol
Third angle	

【アイソメ図作成演習】解答記入欄

LEVEL 2-05

正面図が左側に向くようにアイソメ図を記入すること。
解答記入欄からはみ出さないよう、必要なマス目を調べること。

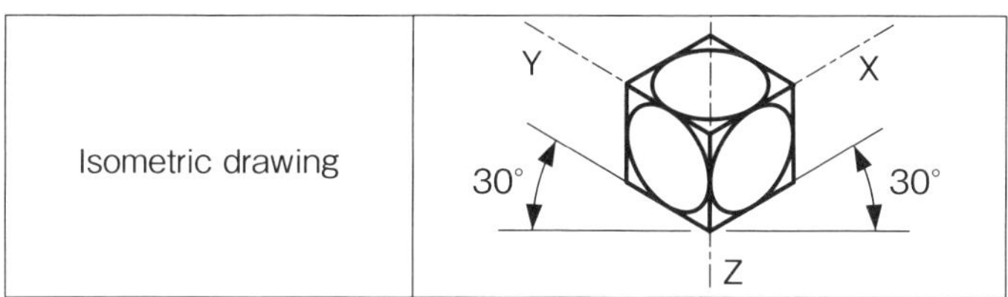

【アイソメ図作成演習】 LEVEL 2-06

次の投影図から等角投影のアイソメ図を作成しなさい。
隠れ線は記入する必要はない。

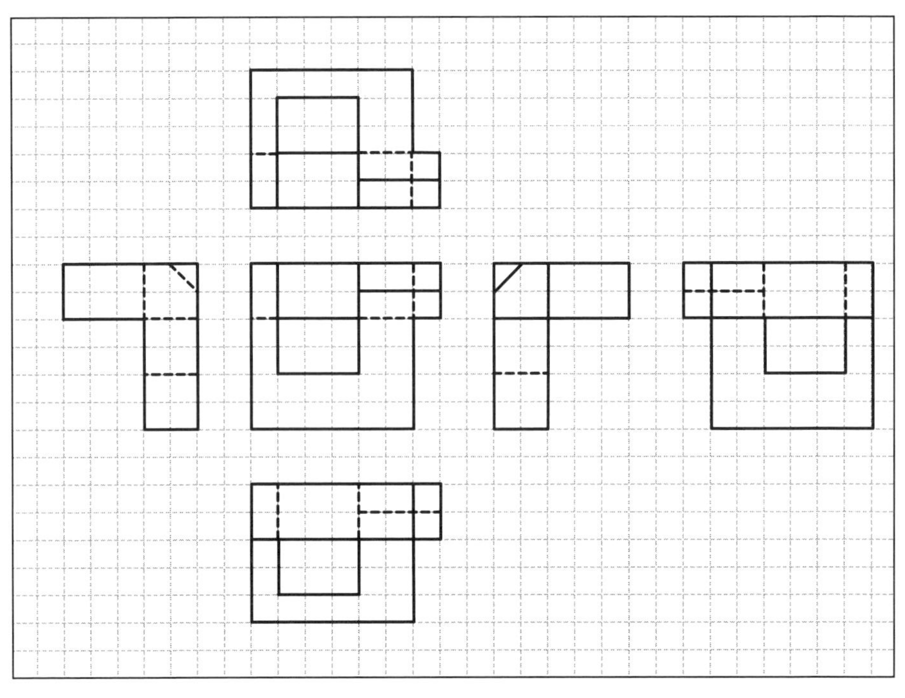

Projection	Symbol
Third angle	

正面図が左側に向くようにアイソメ図を記入すること。
解答記入欄からはみ出さないよう、必要なマス目を調べること。

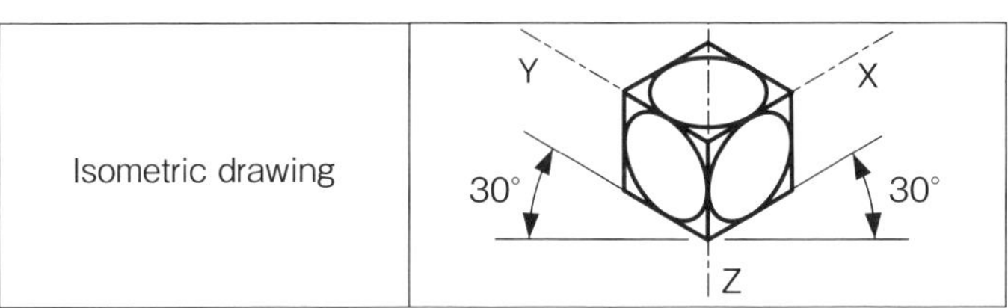

■D(￣ー￣*)コーヒーブレイク

ねじれ形状に留意

一般的な方眼紙のマス目の交点同士を線でつないでいけば、立体形状ができあがります。このとき、3 次元的に傾斜する面を作る際に、平面形状ではなく湾曲したねじれ面ができあがる場合があります。このような湾曲した面は3 次元CAD の“押し出し”操作でモデリングできないことで気がつくことになります。

一見、平面で構成された形状に見えても、実は表面がねじれている形状の例を紹介しましょう。

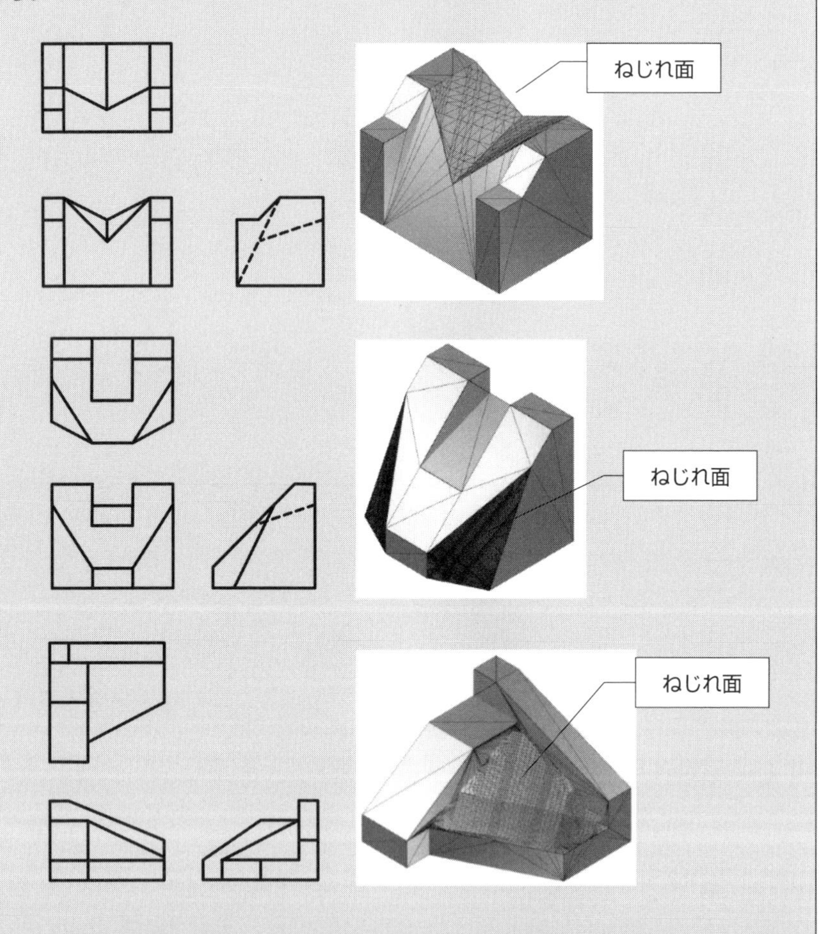

2 次元で形状を考える場合、完成状態を想像して2 次元平面上に表現するわけですが、あくまでも想像なので、現実と異なる可能性は排除できないのです。

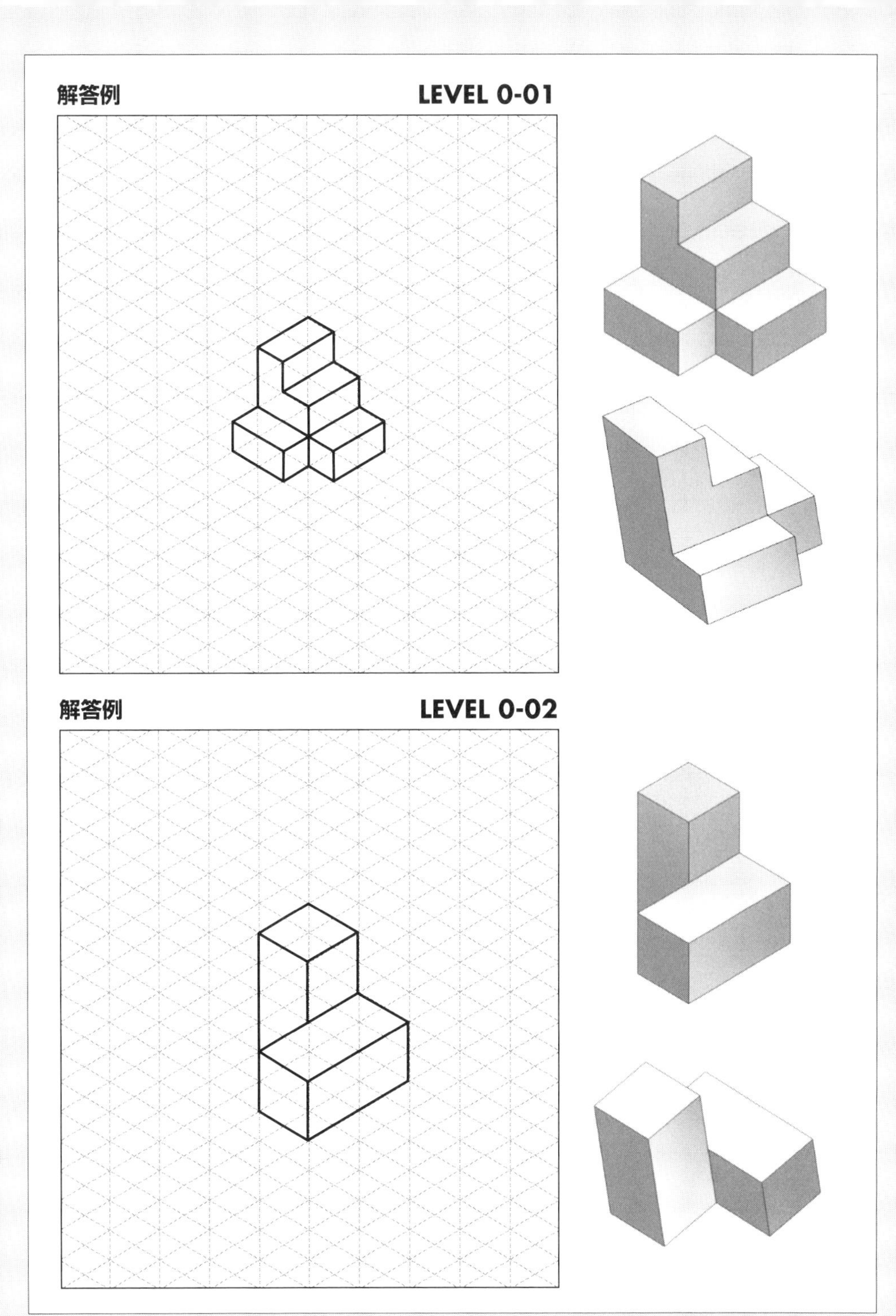
解答例
LEVEL 0-01
解答例
LEVEL 0-02

解答例　LEVEL 0-03

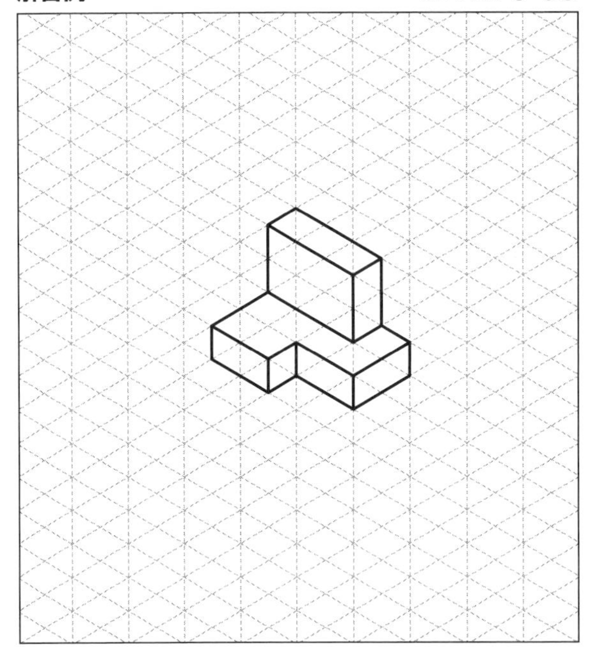

解答例　LEVEL 0-04

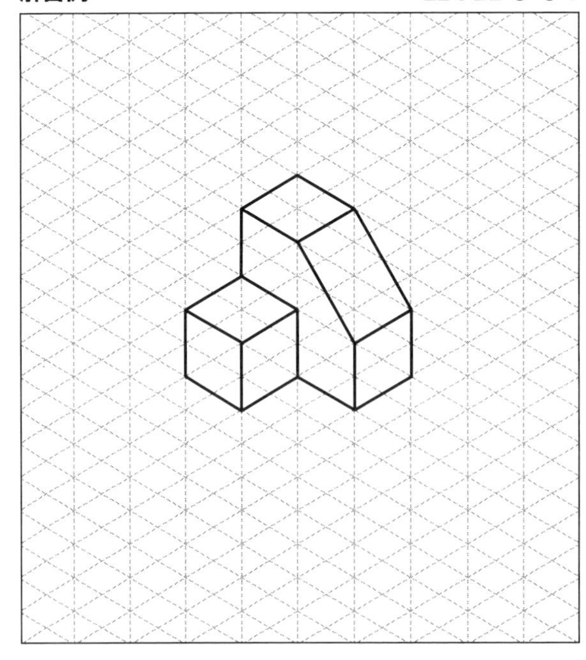

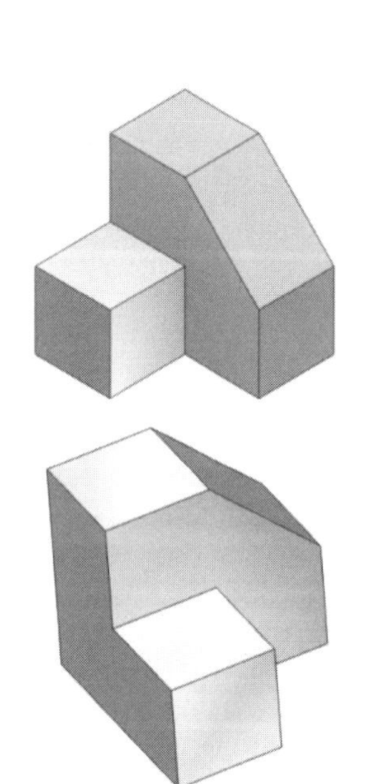

解答例　LEVEL 0-05

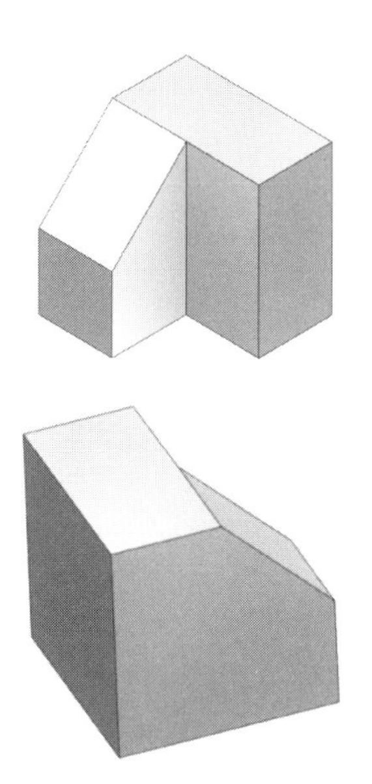

解答例　LEVEL 0-06

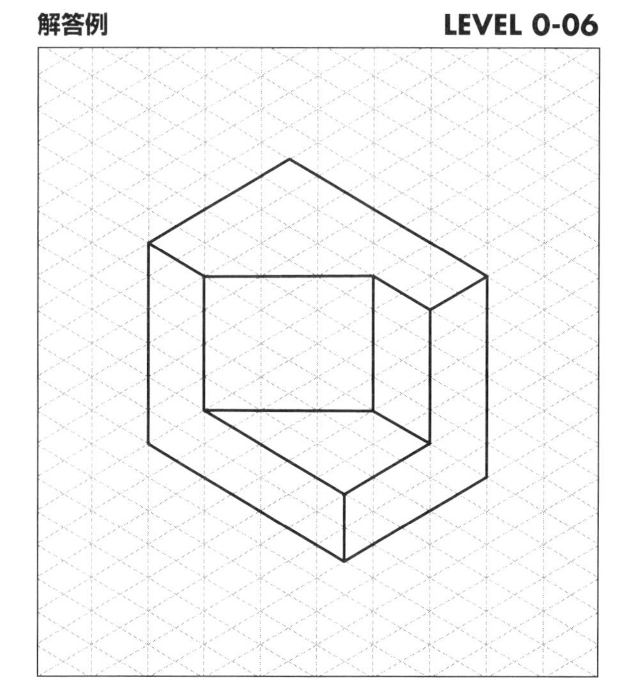

解答例　LEVEL 0-07

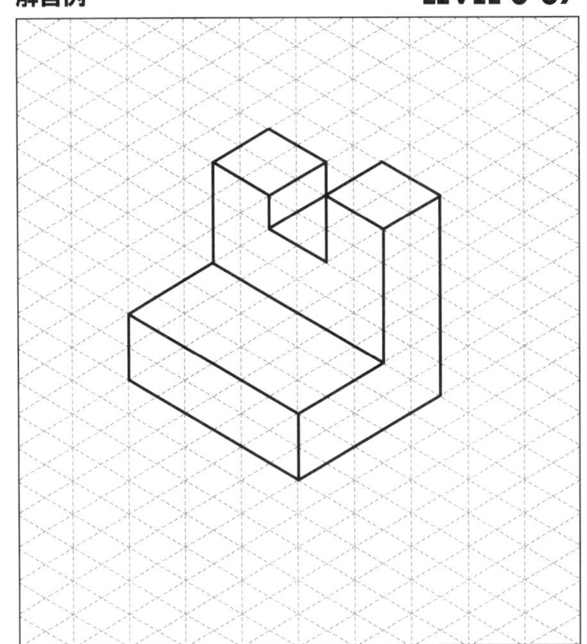

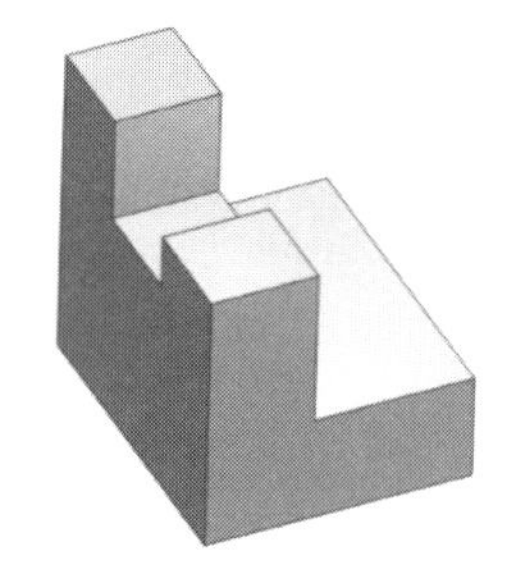

解答例　LEVEL 0-08

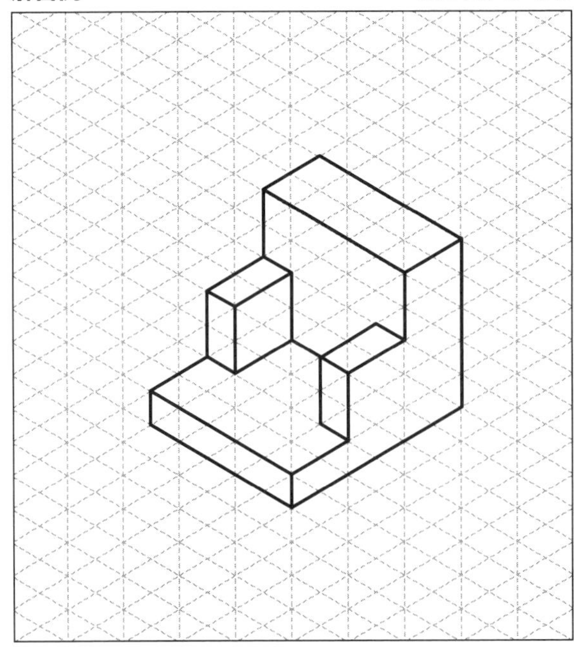

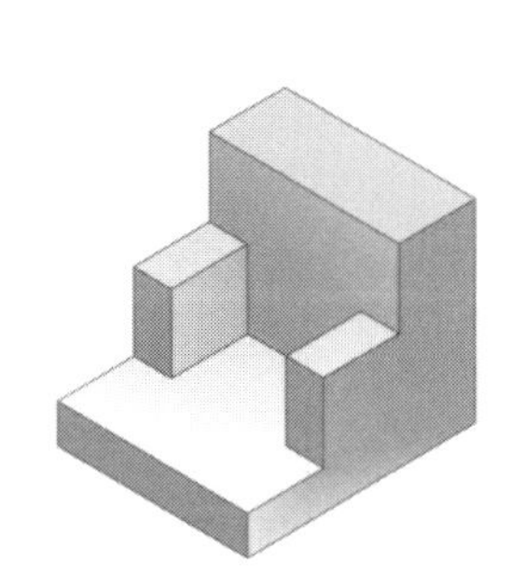

解答例　LEVEL 1-01

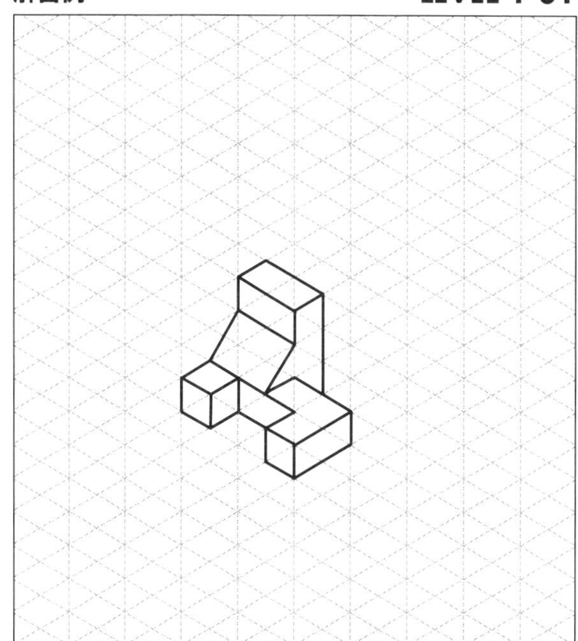

解答例　LEVEL 1-02

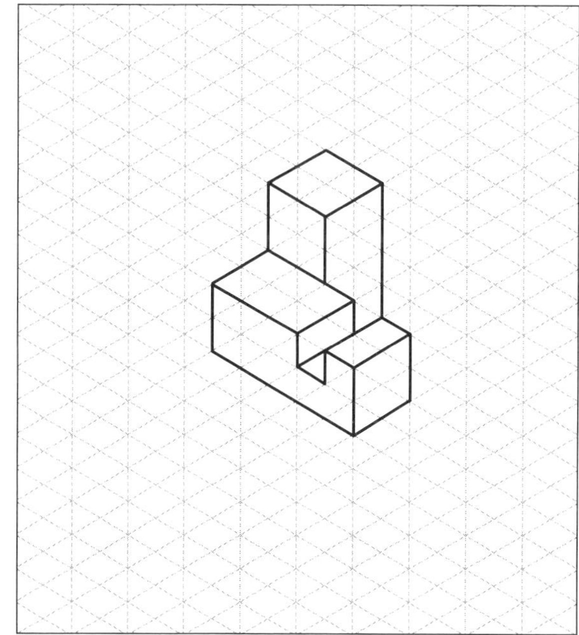

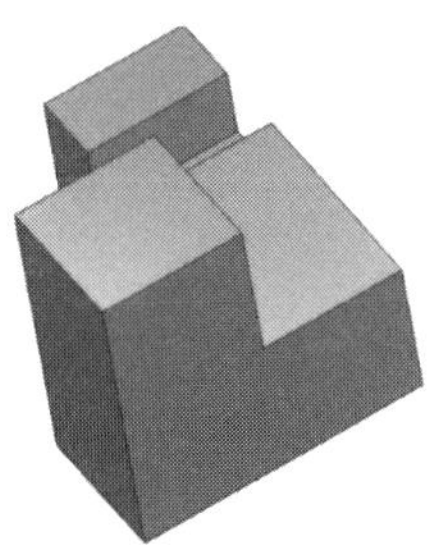

解答例　**LEVEL 1-03**

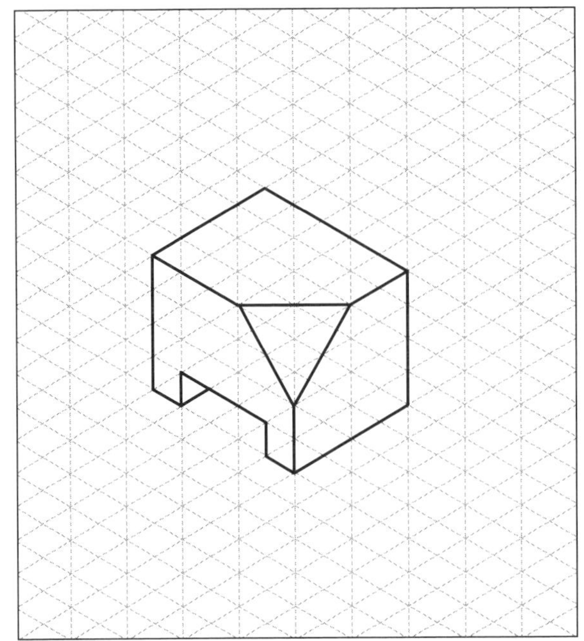

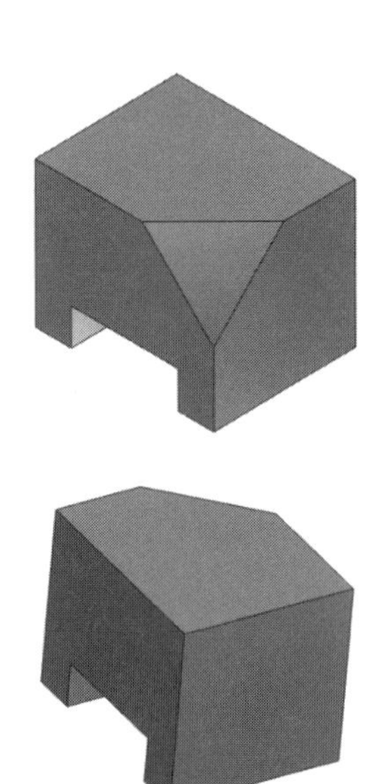

解答例　**LEVEL 1-04**

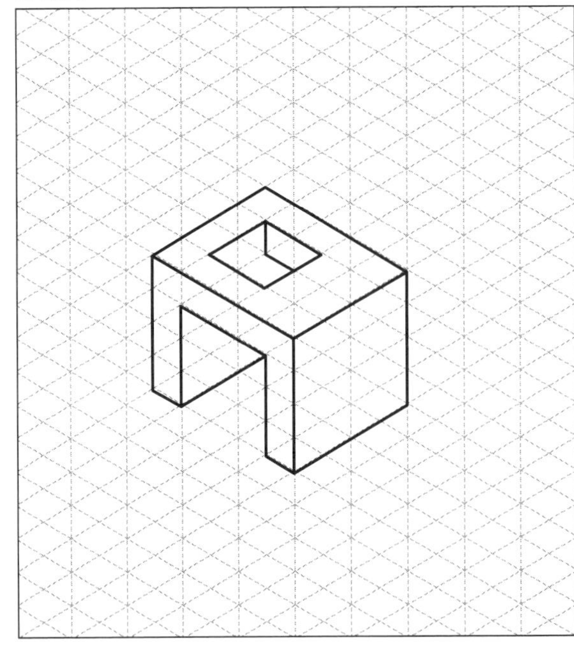

解答例　LEVEL 1-05

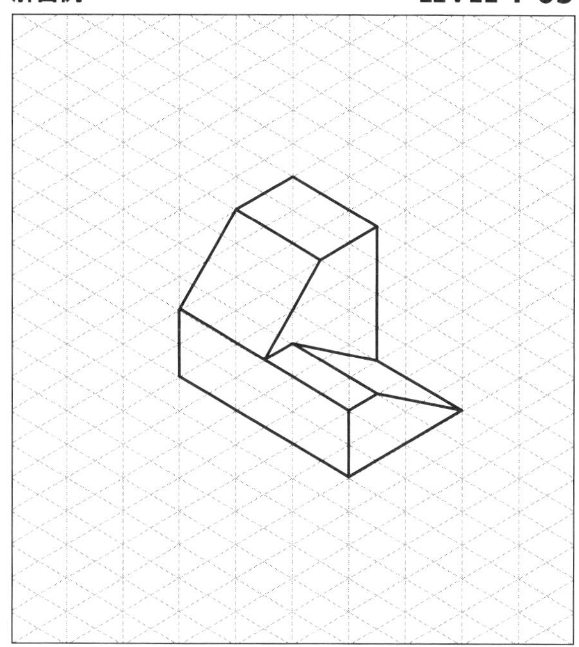

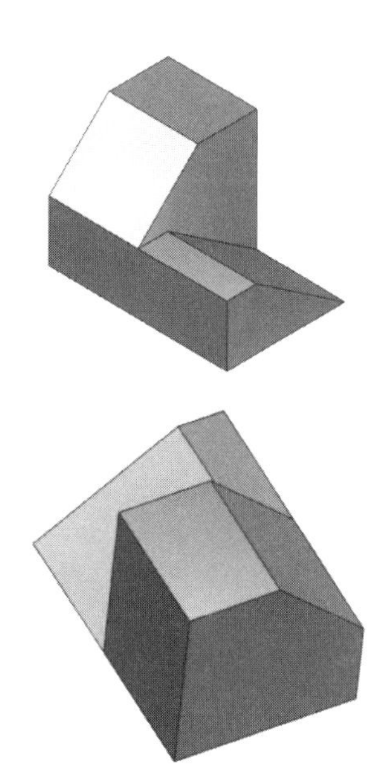

解答例　LEVEL 1-06

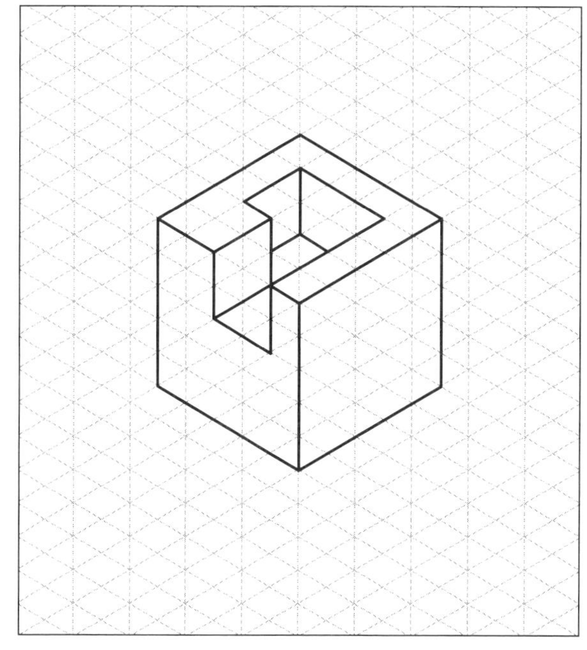

解答例　LEVEL 1-07

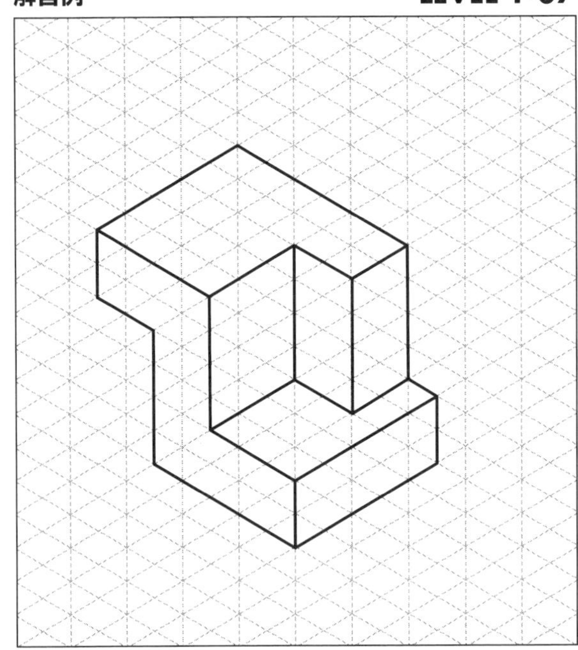

解答例　LEVEL 1-08

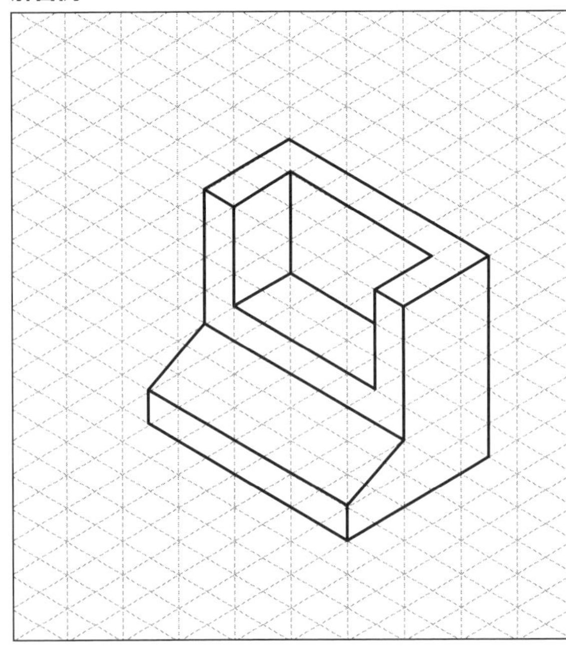

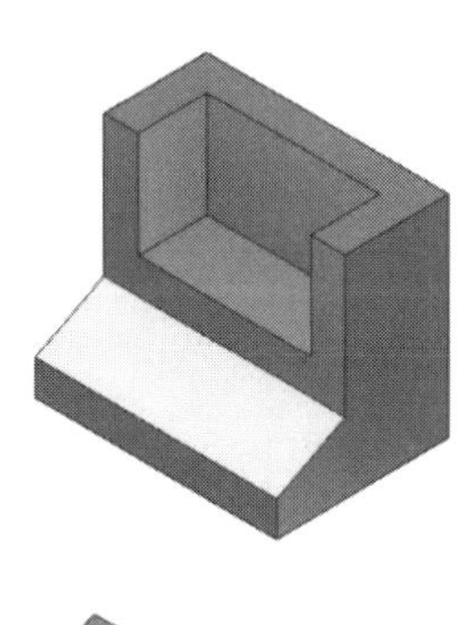

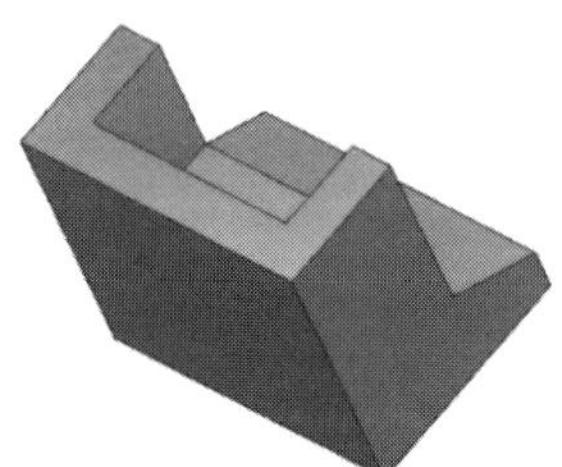

解答例　**LEVEL 2-01**

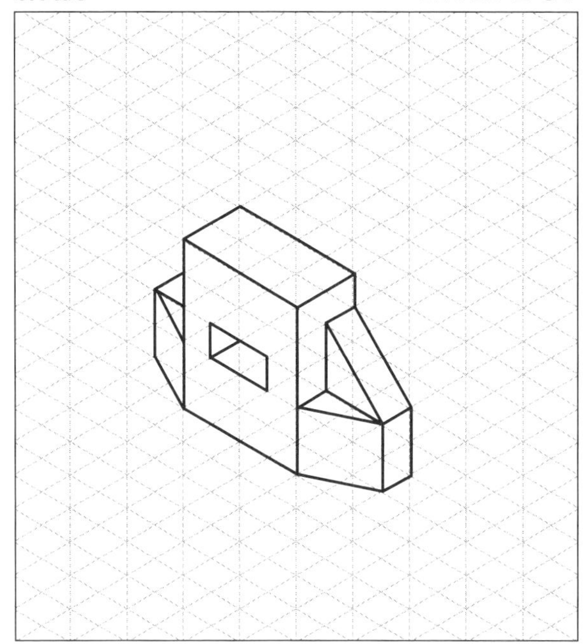

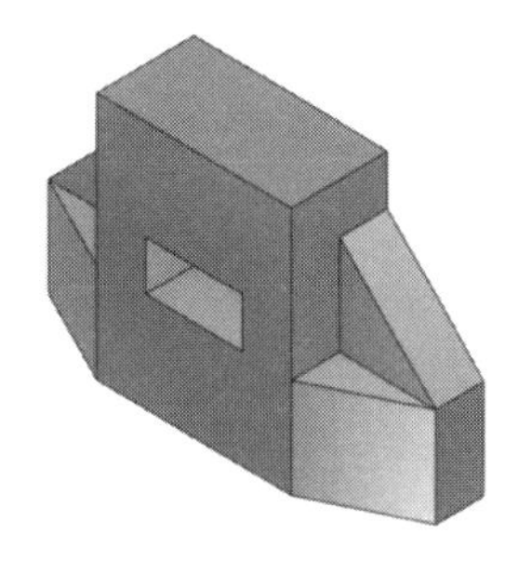

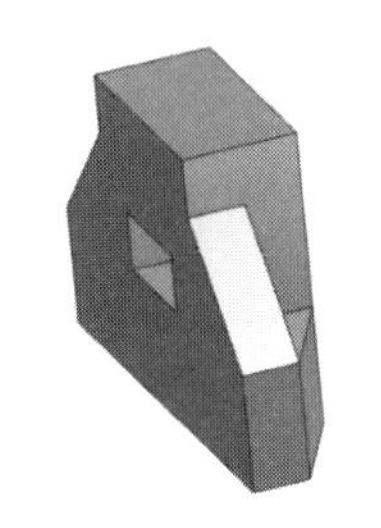

解答例　**LEVEL 2-02**

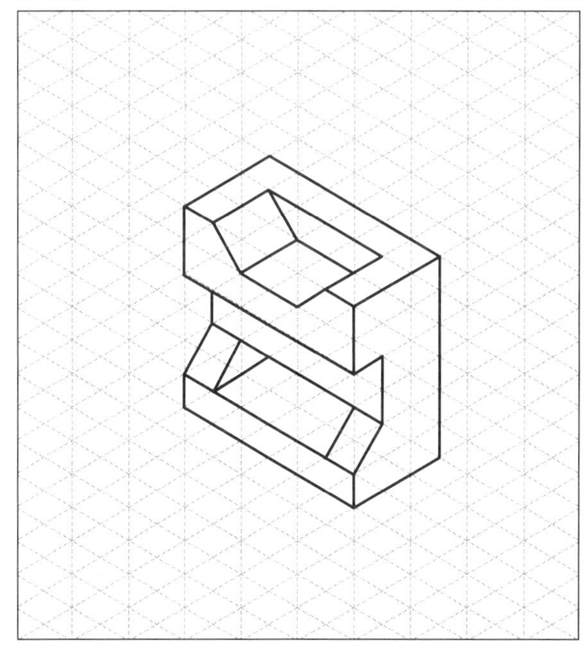

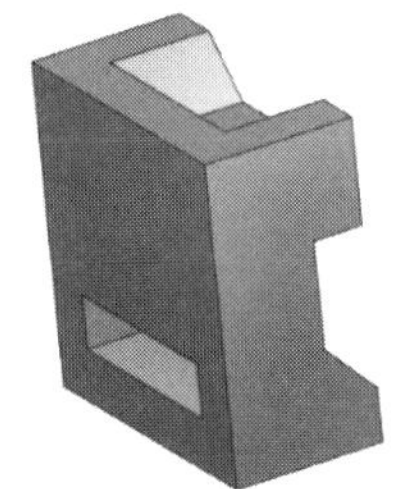

解答例　LEVEL 2-03

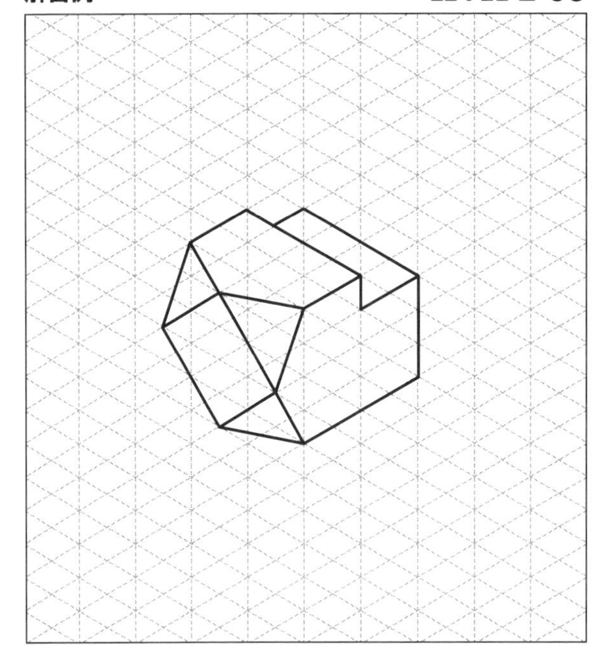

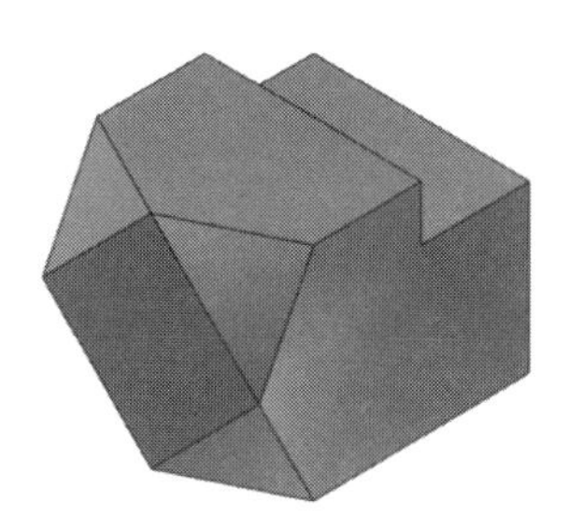

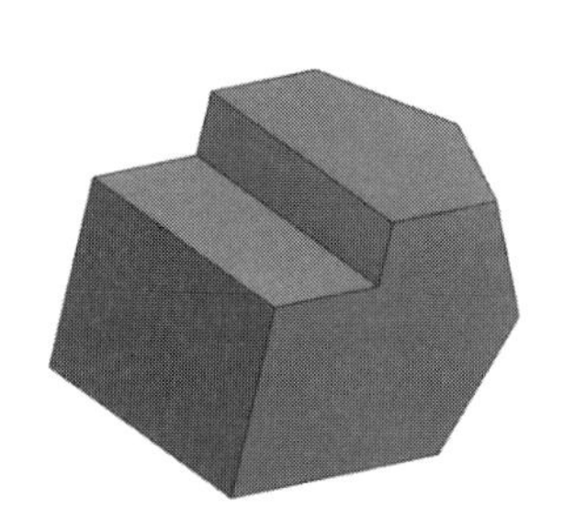

解答例　LEVEL 2-04

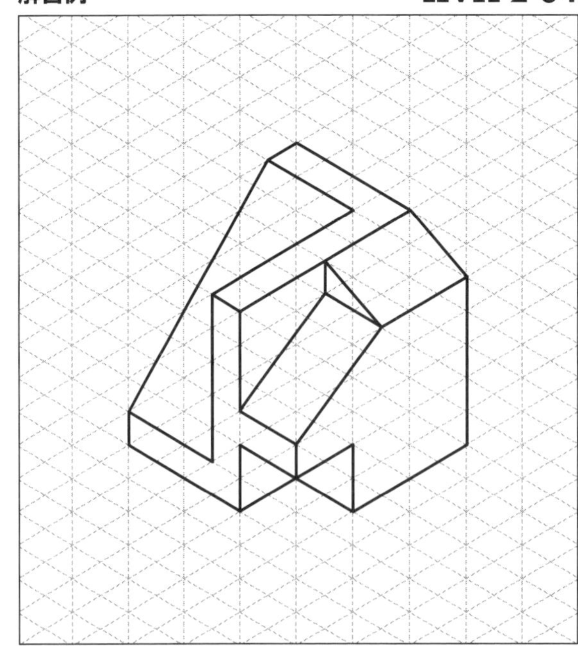

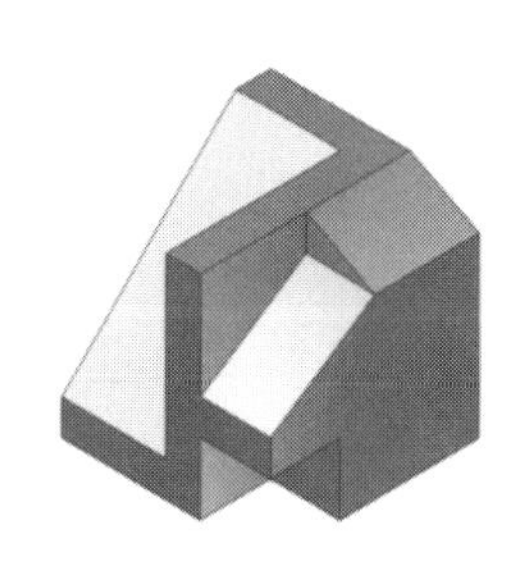

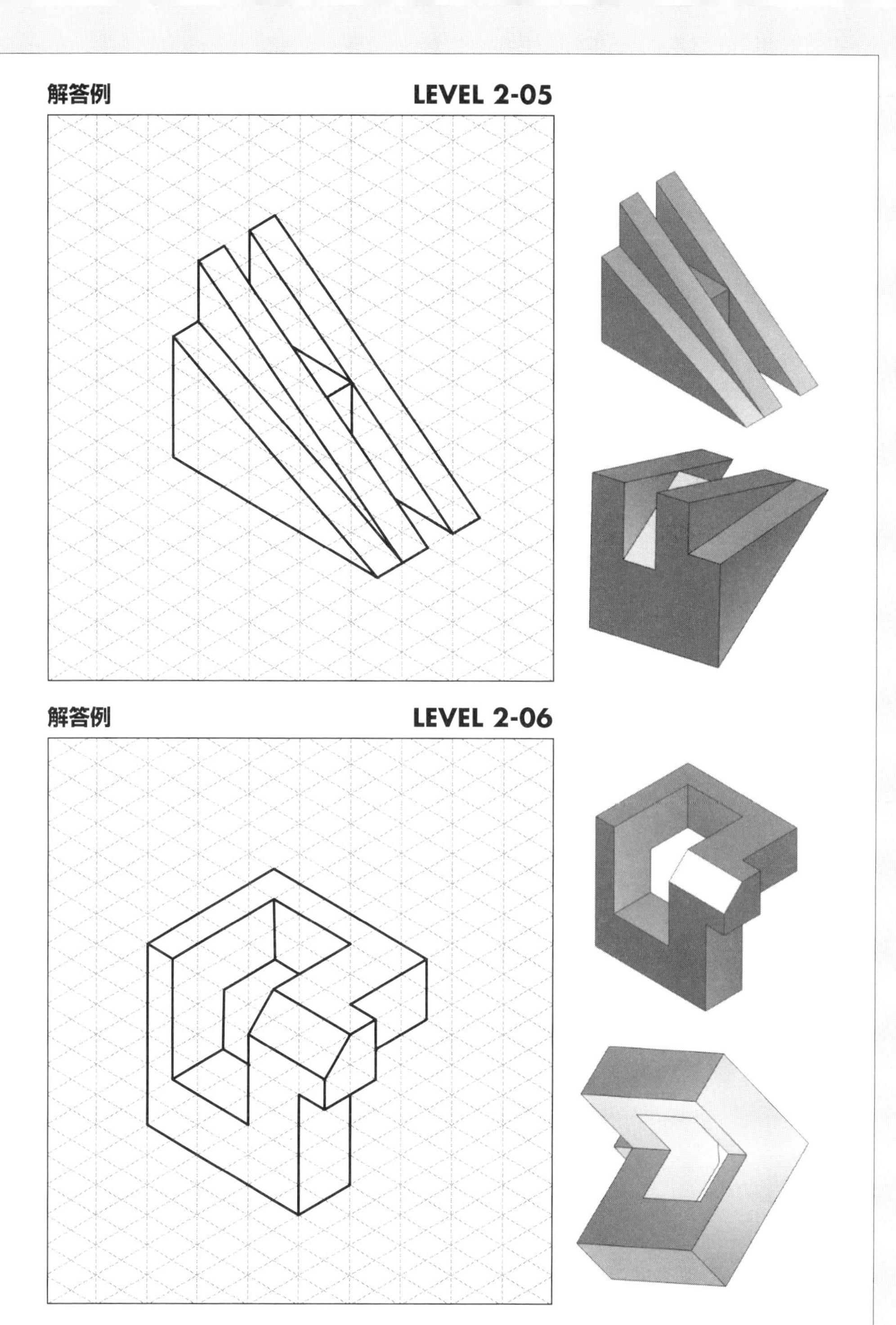
解答例
LEVEL 2-05
解答例
LEVEL 2-06

教養は現物で育てる!?

皆さんは、“三現主義”という言葉を知っていますか？

三現主義とは、製造業において改善活動する際に、次の３つの“現”を大切にする考え方です。

現場…現場に足を運ぶこと

現物…現物を手に取り目で見て確認すること

現実…推測ではなく事実を確認すること

つまり、不具合発生時に机上だけで判断してはいけないことへの戒めの言葉として使われます。

リベラルアーツにも三現主義が必要であると考えます。

特に幾何学を習得するには、自分の手で絵を描き、紙を折り、模型を作ることから鍛えられると確認します。

幼少期にTVゲームで遊んだ世代が社会人になって久しくなります。

不親切な組み立て手順書を与え、その情報と現物を見て部品を組ませることでも論理的な思考力を鍛えられると確信します。

※某企業内研修での模型作成演習例

それでは、読者の皆さんが優れた形状認識力と空間認識力を持ったエンジニアとなれるよう魔法をかけてご挨拶に代えさせていただきます。

ちちんぷいぷい！ (*ﾟ▽ﾟ) ノ☆。･:*:.･★,｡･:*:.･☆

著者より

●著者紹介

山田　学（やまだ　まなぶ）

S38年生まれ、兵庫県出身。ラブノーツ 代表取締役。

著書として、『図面って、どない描くねん！ 第2版』、『図面って、どない描くねん！ LEVEL2 第2版』、『設計の英語って、どない使うねん！』、『めっちゃ使える！ 機械便利帳』、『図解力・製図力 おちゃのこさいさい』、『めっちゃ、メカメカ！ リンク機構99→∞』、『メカ基礎バイブル〈読んで調べる！〉設計製図リストブック』、『図面って、どない描くねん！ Plus +』、『図面って、どない読むねん！ LEVEL00』、『めっちゃ、メカメカ！2 ばねの設計と計算の作法』、『最大実体公差』、『設計センスを磨く空間認識力“モチアゲ”』、『図面って、どない描くねん！バイリンガル』、『めっちゃ、メカメカ！基本要素形状の設計』、共著として『CADって、どない使うねん！』（山田学・一色桂 著）、『設計検討って、どないすんねん！』（山田学 編著）などがある。

機械設計者の基礎技術力向上

図解力を鍛えるロジカルシンキング

「空間認識力 モチアゲ2 演習編」

NDC 531.9

2018年11月15日　初版1刷発行　Ⓒ著　者　山田 学

発行者　井水 治博

発行所　日刊工業新聞社

東京都中央区日本橋小網町14番1号

（郵便番号103-8548）

書籍編集部　電話03-5644-7490

販売・管理部　電話03-5644-7410

FAX03-5644-7400

URL　http://pub.nikkan.co.jp/

e-mail　info@media.nikkan.co.jp

振替口座 00190-2-186076

本文デザイン・DTP――志岐デザイン事務所（矢野貴文）

本文イラスト――かおすん

「はじめに」イラスト――小島サエキチ

印刷――新日本印刷

定価はカバーに表示してあります

落丁・乱丁本はお取り替えいたします。

2018 Printed in Japan

ISBN 978-4-526-07897-2　C3053